红宝石、蓝宝石、祖母绿造就奢华的“国色天香”套件

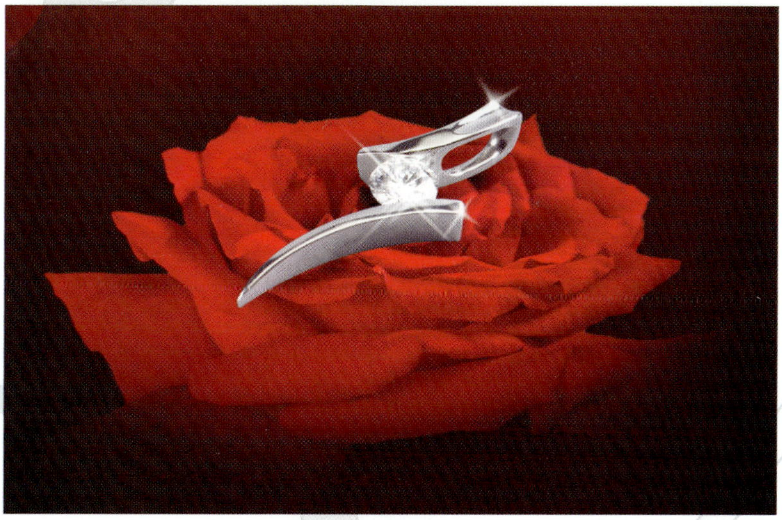

“十分钻石十分爱”倾诉着浪漫情怀

本版图片由美地亚珠宝提供

欧式装潢的钻石宫殿，洋溢着古典浪漫情怀与现代的恬淡简约

活泼轻松充满时尚气息的K金挂件坠

本版图片由美地亚珠宝提供

57个精确刻面，成就优质美钻

优雅简约但电力十足的钻石坠 —— “X系列”（心悸）

本版图片由万隆珠宝提供

优雅简约但电力十足的钻石坠 —— “X系列” （2000℃）

优雅简约但电力十足的钻石坠 —— “X系列” （迷失）

本版图片由万隆珠宝提供

红宝石首饰　喜庆热烈

黑珍珠坠　高贵雅致

本版图片由万汇珠宝提供

娇艳华丽的翡翠首饰

晶莹绚丽的红碧玺挂坠

本版图片由万汇珠宝提供

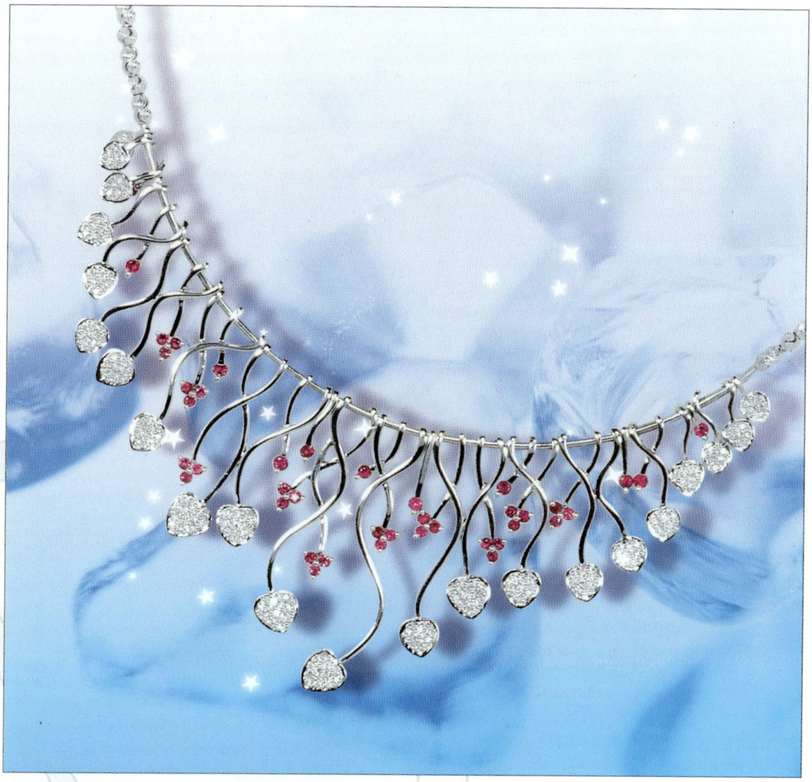

璀璨靓丽的钻石、红宝石项链

简洁优雅的钻石手链

本版图片由天宝坊珠宝提供

翡翠挂件　古韵悠长

珍珠尤物　秀丽精致

本版图片由天宝坊珠宝提供

珠宝玉石首饰基础

王　蓓　主编

中国地质大学出版社

内 容 简 介

本书系统地介绍了珠宝玉石首饰的相关知识。

着重介绍了常见珠宝玉石的基本特征、品质评价及鉴别方法。对鉴别珠宝玉石首饰常用的仪器设备、珠宝玉石首饰常用贵金属、珠宝玉石首饰文化、珠宝玉石首饰选择与佩带、珠宝玉石首饰鉴定证书知识及珠宝玉石首饰营销服务等也进行了通俗易懂的介绍。

编者将长期从事珠宝玉石首饰鉴定及珠宝玉石首饰相关人员培训积累的经验融会在本书中，实用性较强，可作为广大珠宝玉石首饰商贸人员培训用书，也可供广大珠宝玉石首饰爱好者学习参考。

图书在版编目(CIP)数据

珠宝玉石首饰基础/王蓓主编．—武汉：中国地质大学出版社，2005.11(2018.6 重印)

ISBN 978-7-5625-2065-8

Ⅰ．珠…
Ⅱ．王…
Ⅲ．①宝石—基本知识②玉石—基本知识③首饰—基本知识
Ⅳ．TS933　TS934.3
中国版本图书馆 CIP 数据核字（2009）第 119635 号

珠宝玉石首饰基础　　王　蓓　主编

责任编辑：秋生　　技术编辑：阮一飞　　责任校对：张咏梅

出版发行：中国地质大学出版社(武汉市洪山区鲁磨路 388 号)　　邮编：430074
电话：(027)87482760　　传真：87481537　　E-mail：cbb @ cug. edu. cn
经　销：全国新华书店　　http：//www. cugp. cn

开本：787 毫米×1092 毫米 1/16　　字数：230 千字　印张：8.75　彩版：8
版次：2005 年 11 月第 1 版　　印次：2018 年 6 月第 5 次印刷
印刷：湖北睿智印务有限公司　　印数：7001—8000 册

ISBN 978-7-5625-2065-8　　定价：38.00 元

珠宝玉石首饰基础

主　　编：王　蓓

副 主 编：胡子文　杨永基

编写人员：（按姓氏笔划为序）

王　蓓　马伟幸　韦敦奎　沈忠昀

余　敏　陆丁荣　吴国坚　杨永基

周越刚　胡子文

目　录

第一章 绪 论

珠宝玉石首饰自有人类历史记载以来，就一直作为人们美化生活、陶冶个人情操的装饰品。经过数千年的发展。它已成为人类文明、进步及文化艺术的象征。随着人们生活水平、文化素养的提高，珠宝玉石首饰已是“旧时王榭堂前燕，飞入寻常百姓家”。珠宝玉石饰品晶莹瑰丽、色彩缤纷、高雅时尚，拥有不再仅仅为了保值增值、彰显身份，更成为装扮生活、增添情趣、寄托情感、塑造个性的时尚享受。珠宝玉石首饰得到越来越多的人们喜爱，相关知识也得到越来越多的人们关注。

为了揭示珠宝玉石的特性及其固有的规律，人们对各种珠宝玉石做了深入细致的研究，逐步形成了专门研究珠宝玉石的宝石学。要掌握珠宝玉石首饰相关知识，就要学习一些宝石学基础。在了解宝石学基础过程中，首先我们应对珠宝玉石的基本概念及分类与命名原则有所了解。

第一节 珠宝玉石的基本概念

珠宝玉石的狭义概念是指那些自然界产出的、具有美观、耐久、稀少且可琢磨、雕刻成首饰或工艺品的矿物或岩石，部分为有机材料。也有人进一步将珠宝玉石概念限定在天然的单晶矿物之中。珠宝玉石晶莹瑰丽，如红宝石、钻石、祖母绿等。

矿物是地质作用形成的单质或化合物，具有一定的化学组成、内部结构、物理性质。岩石是矿物的集合体。

随着人类社会的不断进步，对珠宝玉石的认识也在不断地深入，无论珠宝玉石的内涵还是外延都有了更多的扩展。

珠宝玉石的广义概念是泛指所有经过琢磨、雕刻后，可以成为首饰或工艺品的材料。

按现行国家标准(GB/T16552-2003)，珠宝玉石是对天然珠宝玉石(包括天然宝石、天然玉石和天然有机宝石)和人工宝石(包括合成宝石、人造宝石、拼合宝石和再造宝石)的统称，简称宝石。

第二节 珠宝玉石的分类

宝石分类是在揭示其固有的自然属性、物理化学特征及演变规律的基础上，用科学、合理的方法制定出来的，迄今为止，还没有一个全球统一的分类方案。2003 年 11 月 1 日开始实施的国家标准《珠宝玉石名称》(GB/T16552-2003)规定了我国目前使用的宝石分类方法，具体划分如下：

- 珠宝玉石（宝石）
  - 天然珠宝玉石
    - 天然宝石
    - 天然玉石
    - 天然有机宝石
  - 人工宝石
    - 合成宝石
    - 人造宝石
    - 拼合宝石
    - 再造宝石
  - 仿宝石

这一分类方法主要是以宝石的成因类型来划分的。宝石的分类还可按其价值与价格分为高档宝石、中档宝石和低档宝石。

第三节　珠宝玉石的相关定义及定名规则

一、天然珠宝玉石

由自然界产出，具有美观、耐久、稀少性，具有工艺价值，可加工成装饰品的物质统称为天然珠宝玉石。包括天然宝石、天然玉石和天然有机宝石。

1. 天然宝石

天然宝石是指由自然界产出，具有美观、耐久、稀少性，可加工成装饰品的矿物的单晶体（可含双晶）。

天然宝石晶莹剔透、多姿多彩。市场上常见的如：钻石、红宝石、蓝宝石、水晶等。按价值与价格又可分为高档宝石（如：钻石、红宝石），中、低档宝石（如：碧玺、尖晶石、水晶）。

定名直接使用天然宝石基本名称或其矿物名称，不需加“天然”二字。如：“钻石”即指天然钻石。需要注意的是：

（1）产地不参与定名。如：不能称“南非钻石”、“缅甸红宝石” 等。

（2）不能使用由两种天然宝石名称组合而成的名称。如：不能称“红宝石尖晶石”。“变石猫眼” 除外。

（3）不能使用含混不清的商业名称。如：不能称“绿宝石”、“半宝石”等。

2. 天然玉石

天然玉石是指由自然界产出，具有美观、耐久、稀少性和工艺价值的矿物集合体，少数为非晶质体。

天然玉石细腻温润、含蓄优雅。市场上常见的如：翡翠、玛瑙、软玉等。按价值与硬度又可分为高档玉石（如：翡翠、软玉），中低档玉石（如：蛇纹石玉、玛瑙）和雕刻石（如：鸡血石、田黄石）。

定名直接使用天然玉石基本名称或其矿物（岩石）名称。名称后可附加“玉”字，无需加“天然”二字。如：“翡翠”、“蛇纹石玉”，即指天然的“翡翠”、“蛇纹石玉”。

但“天然玻璃”除外。

需要注意的是：

(1)除部分标准保留的传统名称外,产地不参与定名。如:不能称“缅甸翡翠”。

(2)不允许单独用“玉”或“玉石”直接定名。也不能用雕琢形状定名天然玉石。

3. 天然有机宝石

天然有机宝石是指由自然界生物生成,部分或全部由有机物质组成可用于首饰及装饰品的材料。天然有机宝石高雅温馨、光彩迷人。市场上常见的如珍珠、琥珀、象牙等。养殖珍珠(简称“珍珠”)虽然有部分人工因素,但养殖过程与天然相似,故也归于天然一类。

定名直接使用天然有机宝石基本名称,无需加“天然”二字。但“天然珍珠”、“天然海水珍珠”、“天然淡水珍珠”除外。

养殖珍珠可简称为“珍珠”,海水养殖珍珠可简称为“海水珍珠”,淡水养殖珍珠可简称为“淡水珍珠”。

需要注意的是:不能以产地修饰天然有机宝石名称。如:不能称“波罗的海琥珀”、“大溪地珍珠”等。

二、人工宝石

人工宝石是指完全或部分由人工生产或制造,用作首饰及装饰品的材料。包括合成宝石、人造宝石、拼合宝石和再造宝石。

1. 合成宝石

合成宝石是指完全或部分由人工制造,且自然界有已知对应物的晶质或非晶质体,其物理性质、化学成分及晶体结构与所对应的天然珠宝玉石基本相同。

如合成红宝石,其物理性质(如折射率、硬度等)及化学成分(Al_2O_3)与所对应的红宝石都基本相同,但价值不同。

定名必须在其所对应的天然珠宝玉石名称前加“合成”二字。如:“合成红宝石”、“合成祖母绿”等。

需要注意的是:

(1)不能使用生产厂、制造商的名称直接定名。如:“查塔姆(Chatham)祖母绿”、“林德(Linde)祖母绿”等。

(2)不能使用易混淆或含混不清的名词定名。如:“鲁宾石”、“红刚玉”、“合成品”等。

“查塔姆(Chatham)祖母绿”、“鲁宾石”这种叫法会使人误以为天然宝石。

2. 人造宝石

人造宝石是指由人工制造,且自然界无已知对应物的晶质或非晶质体。如人造钇铝榴石。

人造宝石市场上常见的有玻璃、塑料等。比较常见于一些价廉的饰品。

定名必须在材料名称前加“人造”二字。如:“人造钇铝榴石”、“人造钛酸锶”等,但“玻璃”、“塑料”除外。

需要注意的是:

(1)不能使用生产厂、制造商的名称直接定名。不允许用生产方法参与定名。

(2)不能使用易混淆或含混不清的名词定名。如:“奥地利钻石”会使人误以为是奥地利产的钻石,其实是商家对铅玻璃的一种叫法。

3. 拼合宝石

拼合宝石是指由两块或两块以上材料经人工拼合而成，且给人以整体印象的珠宝玉石，简称“拼合石”。如：拼合珍珠、拼合欧泊。价值当然不同于天然的单品。

不同材料组成的拼合石，定名必须逐层写出组成材料名称，在名称之后加“拼合石”三字，如：“蓝宝石、合成蓝宝石拼合石”；或以顶层材料名称加“拼合石”三字，如“蓝宝石拼合石”。

由同种材料组成的拼合石，可直接在组成材料名称之后加“拼合石”三字，如：“珍珠拼合石”。

对于分别用天然珍珠、珍珠、欧泊或合成欧泊为主要材料组成的拼合石，分别用拼合天然珍珠、拼合珍珠、拼合欧泊或拼合合成欧泊的名称即可，不必逐层写出材料名称。

4. 再造宝石

再造宝石是指通过人工手段，将天然珠宝玉石的碎块或碎屑熔接或压结成具整体外观的珠宝玉石。如再造琥珀、再造绿松石。

定名时必须在所组成天然珠宝玉石名称前加“再造”二字。如：“再造琥珀”、“再造绿松石”。

三、仿宝石

仿宝石用于模仿天然珠宝玉石的颜色、外观和特殊光学效应。可为人工宝石模仿天然宝石（如玻璃仿钻石）或天然宝石模仿另外一种天然宝石（如水晶仿钻石）。“仿宝石”一词不能单独作为珠宝玉石名称。

定名时应在所模仿的天然珠宝玉石名称前冠以“仿”字，如：“仿祖母绿”、“仿珍珠”等。使用仿宝石时不代表珠宝玉石的具体类别。应尽量给出具体珠宝玉石名称，且采用下列表示方式。如：“玻璃”或“仿水晶（玻璃）”。

当使用“仿某种珠宝玉石”（例如“仿钻石”）这种表示方式作为珠宝玉石名称时，意味着该珠宝玉石：

（1）不是所仿的珠宝玉石（如“仿钻石”不是钻石）。

（2）具体模仿材料有多种可能性（如“仿钻石”：可能是玻璃、合成立方氧化锆或水晶等）。

“仿”当然不同于“真”，其实已是明白告诉您：它只是该宝石的仿制品。

四、特殊光学效应

珠宝玉石常见的特殊光学效应有猫眼效应、星光效应、变色效应等。

具猫眼效应的宝石定名时可在珠宝玉石基本名称后加“猫眼”二字，如：“磷灰石猫眼”。只有“金绿宝石猫眼”可直接称为“猫眼”。

具星光效应的宝石定名时可在珠宝玉石基本名称前加“星光”二字，如：“星光红宝石”。具星光效应的合成宝石定名方法是在所对应天然珠宝玉石基本名称前加“合成星光”四字，如：“合成星光红宝石”。

具变色效应的宝石定名时可在珠宝玉石基本名称前加“变色”二字，如“变色石榴石”。具变色效应的合成宝石定名方法是在所对应天然珠宝玉石基本名称前加“合成变色”四字，如“合成变色蓝宝石”。

除星光效应、猫眼效应和变色效应外，在珠宝玉石中所出现的所有其他特殊光学效应，如：砂金效应、晕彩效应、变彩效应等，不参加定名，但可以在备注中附注说明。

五、优化处理

市场上销售的散发出迷人光彩的宝石一般都是经过切割琢磨和抛光的。

除切磨和抛光以外，用于改善珠宝玉石的外观（颜色、净度或特殊光学效应）、耐久性或可用性的所有方法称优化处理。优化处理分为优化和处理两类。

优化是指传统的、被人们广泛接受的、使珠宝玉石潜在的美显示出来的优化处理方法。如珍珠的漂白。处理是指非传统的、尚不被人们接受的优化处理方法。如翡翠的染色。

优化的珠宝玉石定名时直接使用珠宝玉石名称，珠宝玉石鉴定证书及标识中可不附注说明。

处理的珠宝玉石定名时则不能直接使用珠宝玉石名称，应遵循如下规则：

(1)在所对应珠宝玉石名称后加括号注明“处理”二字或注明处理方法。如：“蓝宝石（处理）”、“蓝宝石（扩散）”、“翡翠（处理）”、“翡翠（漂白、充填）”。也可在所对应珠宝玉石名称前描述具体处理方法。如：“扩散蓝宝石”、“漂白、充填翡翠”。

(2)在珠宝玉石鉴定证书中必须描述具体处理方法。

(3)在目前一般鉴定技术条件下，如不能确定是否经处理时，在珠宝玉石名称中可不予表示，但必须加以附注说明且采用下列描述方式。如：“未能确定是否经过×××处理”或“可能经过×××处理”，如蓝色成因不明的托帕石，可备注：“未能确定是否经过辐照处理”或“可能经过辐照处理”。

(4)经处理的人工宝石可直接使用人工宝石基本名称定名。

应该说，中国珠宝市场健康、繁荣、快速发展的过程，也是珠宝玉石国家定名规则建立、实施、完善的过程。只有规范了珠宝玉石的命名，才能规范市场，才能杜绝以假乱真、以次充好，才能使广大消费者建立信心、放心购买。

第四节 珠宝玉石资源分布

根据地质作用可将珠宝玉石矿床分为内生矿床和外生矿床。

内生矿床指其成矿地质作用能量来源于地球内部，与地下岩浆侵入和喷溢活动密切相关，成矿作用是在地壳不同深度的温度、压力等条件下进行。

外生矿床指其成矿地质作用能量来源于地球外部。通过大气、水、阳光、生物等外营力作用，使有用元素或成矿物质发生迁移富集而成的矿床。如在风化作用下，原生矿床或岩石中化学性质稳定的未被分解和溶解的宝石矿物在原地或附近坡地上富集而成。这类宝石有金刚石、红宝石、蓝宝石、托帕石、尖晶石、紫晶、玛瑙等；原生宝石矿床或岩石风化后，经流水、风或冰川等地质营力的搬运，按颗粒大小、相对密度和自身化学稳定性进行分选、沉积，就可形成砂矿。宝石砂矿由于易开采，成本又低，因而仍是目前开采宝石的一个重要矿床类型。

在外生作用形成的宝石中，有机宝石矿床是一种特殊的形式，主要有珍珠、珊瑚、琥珀、煤精等。它们或是由生物残体堆积而成，或是由生物活动形成。

一、国外珠宝玉石资源

世界上丰富的宝石资源主要集中在非洲、亚洲、美洲和大洋洲等地。

1. 非洲

非洲大陆宝石资源非常丰富，被誉为“世界宝石仓库”。那里盛产钻石、红宝石、蓝宝石、金绿宝石、祖母绿、海蓝宝石、紫晶、橄榄石和绿松石等，尤以钻石最为著名。

(1)南部非洲。南非、博茨瓦纳、纳米比亚、安哥拉等国都是重要的钻石出产国。世界上已发现的 2 000 多颗重量为 100ct 以上的钻石，95％就产在南非，如名钻“库利南(3 106ct)”、“高贵无比(999.3ct)”等。世界上最大的钻石砂矿在纳米比亚，质量上乘，宝石级达 95％。扎伊尔和博茨瓦纳已跃为开发金刚石矿产世界级的大国，年产金刚石都在 1 000 万 ct 以上。

除钻石之外，其他宝石如石榴石、紫晶等在世界上也享有盛誉。

(2)赞比亚、津巴布韦。赞比亚、津巴布韦分别被列为世界祖母绿第二、第三大生产国。赞比亚还是世界上最重要的孔雀石产区之一；津巴布韦近些年还发现和开采了金绿宝石和紫晶矿。

(3)坦桑尼亚、肯尼亚。坦桑尼亚和肯尼亚产出红宝石、蓝宝石、坦桑石、碧玺和镁铝榴石等宝石品种。

(4)马达加斯加。马达加斯加是非洲宝石的重要产出地，如水晶、托帕石、碧玺等。

2. 亚洲

亚洲是世界上主要的宝石产地之一。宝石开采历史长，品种多，质量好，拥有世界上最优质、最丰富的红宝石、蓝宝石矿，有最古老的、品质最好的金绿宝石、绿松石和青金石矿，有名贵的珍珠和钻石，还有驰名世界的翡翠和软玉，也是锆石的产区。

(1)缅甸。缅甸生产红宝石、蓝宝石、翡翠和尖晶石等中高档宝石。名贵品种鸽血红红宝石就产在该国北部抹谷地区；与我国云南接壤的孟洪、密支那地区则是优质翡翠的惟一产地。

(2)斯里兰卡。自古以来斯里兰卡也以产宝石著称，为世界五大宝石产出国之一，宝石种类有红宝石、蓝宝石、金绿宝石、海蓝宝石、碧玺、尖晶石、锆石等 60 余种。世界上最大的蓝宝石晶体(重 19kg)和世界第三号星光蓝宝石(重 362ct)就产自斯里兰卡。

(3)印度。印度是世界上最早发现钻石的国家。历史上许多著名的特大型钻石如“光明之山”、“摄政王”、“奥尔洛夫”等钻石都来自印度，且均产自冲积砂矿之中。印度克什米尔地区产出价值最高的“克什米尔”蓝宝石，呈矢车菊色，是一种微带紫色的靛蓝色。

(4)其他。阿富汗的青金石，巴基斯坦的红宝石、尖晶石，泰国和柬埔寨的蓝宝石，伊朗的绿松石也颇负盛名。

3. 美洲

美洲拥有世界上许多重要的大型宝石矿山。

(1)巴西。巴西是世界上重要的宝石产出国，它集中了世界上 70％的海蓝宝石、90％的托帕石、50％的碧玺。巴西是绿柱石、金绿宝石、水晶的主要产地，同时产欧泊、石榴石、玛瑙、红柱石等宝石。

(2)哥伦比亚。哥伦比亚是闻名于世的优质祖母绿产地，是祖母绿第一大生产国。

(3)加拿大等。加拿大盛产软玉、蔷薇辉石、紫晶、海蓝宝石、碧玺和磷灰石，目前钻石的产量也在增长；墨西哥出产欧泊、玛瑙和紫晶；美国不仅产软玉、硬玉、碧玺等宝石，其新墨西哥州还是世界上最大的绿松石产地。

4. 大洋洲(澳大利亚)

澳大利亚是世界上又一重要的宝石产区，已跻身于世界上主要的宝石产出国行列。

澳大利亚富产欧泊、蓝宝石、红宝石、金刚石、祖母绿、澳玉、锆石、拉长石等十余种宝石，其中尤以欧泊和蓝宝石最为著名，欧泊产量约占世界产量98%，蓝宝石产量约占世界产量60%。现澳大利亚金刚石资源，无论是储量还是产量已超过南非等国雄踞世界第一。

二、国内珠宝玉石资源

我国地域辽阔，宝石品种较多。

从现今已探明或开发的这些宝石资源来看，下述的矿区及所产的宝石资源尤为重要。

1. 辽宁瓦房店金刚石矿床

辽宁金刚石有原生矿也有砂矿，且砂矿紧挨着原生矿。矿体内金刚石含量变化大，宝石级金刚石含量约50%，且无色者占56.55%。目前已先后采出岚固一、二、三号大颗粒金刚石，其重量分别为60.15ct、38.26ct和37.92ct。砂矿处于辽东半岛，金刚石多为无色，宝石级金刚石含量约70%。

瓦房店地区金刚石储量占全国已探明的金刚石储量一半以上，且质量又优于山东等地的金刚石，因而具有良好的发展前景。

2. 山东昌乐蓝宝石矿床

山东蓝宝石也有原生矿和砂矿之分。蓝宝石颜色丰富，以带有不同色调的深蓝、蓝、浅蓝为主，其中又以深蓝色居多。与蓝宝石砂矿共生的还有石榴子石、锆石、镁铁尖晶石、钛铁氧化物矿物等。

现已查明，该矿床埋藏浅，易开采的蓝宝石储量在1亿ct以上，属世界上罕见的大型矿床之一，有着巨大的开发潜力。

3. 新疆软玉矿床

新疆软玉产于昆仑山、天山和阿尔金山三大地区，其玉种(白玉、青白玉、青玉等)之多、质地之好为国内外罕见，著名品种"和田玉"与"天山碧玉"更是驰名全球。

和田玉以白玉、青白玉、青玉为主。根据其产出地质环境，划分为仔玉和山玉。

4. 浙江与江苏淡水珍珠

浙江与江苏是中国两大淡水珍珠产地，长江沿岸省份——安徽、湖北及湖南亦产有大量的淡水养殖珍珠。

两大珍珠交易中心——诸暨与渭塘建立了大型珍珠展示、交易、批发市场，并已成为具有交易、调节、信息功能和有强大综合辐射力的珍珠产品集散中心。

珍珠产业是我国极具优势的民族产业，淡水珍珠以其细腻凝重、洁润浑圆、瑰丽多彩而驰名中外。据中国宝玉石协会调查，2003年中国淡水珍珠产量约达1 200t，占世界珍珠总产量的95%以上。中国稳居世界珍珠生产的首位，但如何让中国由珍珠产量大国转成产业大国，是中国的珍珠产业须积极探索的课题。

第二章　珠宝玉石的物理性质

宝石的物理性质是区分鉴别各类宝石品种的重要依据，而物理性质则取决于宝石本身的化学成分和内部结构。

第一节　珠宝玉石的力学性质

一、硬度

宝石抵抗压入、刻划或研磨的性能称为宝石的硬度。宝石硬度与其化学组成、化学键及晶体结构有关。

宝石鉴定中常用的相对硬度是摩氏硬度，摩氏硬度计是德国物理学家 Friedrich Mohs 于 1822 年根据 10 种标准矿物的相对硬度而确定的，其硬度级别如表 2－1 所示。

在利用表 2－1 摩氏硬度值确定宝石相对硬度时，还可以借助一些日常生活中常见物质的相对硬度加以补充，如：指甲为 2.5；铜针为 3；玻璃为 5～5.5；刀片为 5.5～6；铜锉为 6.5～7。

应该指出的是，这仅仅是一个硬度的顺序，相邻级别并非等量增减的，如刚玉与金刚石间的硬度差异远远大于滑石与石膏间的差异。

大气中的灰尘含石英，石英硬度为 7。硬度小于 7 的宝石抛光面变“毛”，就是由灰尘的经常磨蚀引起的。这是某些镶宝首饰的肉眼鉴定特征之一。

应注意的是，硬度检测属有损检测，在不得不用硬度笔对宝石进行测试时，应遵循先软后硬的顺序，并尽量选择隐蔽处测试，以使宝石表面尽可能少地留下痕迹。

表 2－1　硬度对照表

矿　物	摩氏硬度
滑　石	1
石　膏	2
方解石	3
萤　石	4
磷灰石	5
正长石	6
石　英	7
托帕石	8
刚　玉	9
金刚石	10

二、密度和相对密度

宝石单位体积的质量称为宝石的密度，单位为 g/cm^3。

宝石学中通常以测定相对密度的方法确定密度值，相对密度为宝石在空气中的质量与同体积的水在 4℃及标准大气压条件下的质量之间的比值。相对密度没有单位。密度或相对密度是鉴定宝石的重要参数之一。

相对密度的测试方法将在宝石测试仪器的有关章节中介绍。

测量计算公式如下：

$$相对密度=\frac{宝石在空气中的称重}{宝石在空气中称重-宝石在水中称重}$$

三、韧性和脆性

韧性也称打击硬度，指宝石抵抗破碎的能力，很难破碎的性质为韧性，易破碎的性质称脆性。硬度大的宝石不一定是强韧宝石，钻石虽然可以切铁如泥，但如果用铁棒敲击时极易破碎，这不是因为它比铁软，而是因为它比铁脆。

四、解理、裂理和断口

解理、裂理和断口是矿物在外力作用下发生破裂的性状，破裂的特征与矿物结构有关，均是宝石鉴定和加工的重要参考因素。

1. 解理

晶体在外力作用下，沿特定的结晶学方向（一般平行于理想晶面方向）裂开成光滑的平面性质，称为解理，其裂开的光滑平面即为解理面。宝石学中形成解理的难易程度及解理面发育特点将解理分为极完全解理、完全解理、中等解理和不完全解理四类。

宝石的抛光效果在某种程度上受制于解理发育状况。如托帕石，其底面解理发育，故加工时应避免该面与解理面方向平行，以一定角度抛磨，不然会出现粗糙不平的抛光面。

2. 裂理

晶体在外力作用下沿一定的结晶学方向（多沿双晶结合面方向）裂成平整光滑平面的性质称裂理或裂开，裂开的面称为裂理面。裂理是由非固有的其他原因引起的定向破裂，其光滑程度不如解理。

3. 断口

宝石在外力作用下发生随机的无一定方向的不规则的破裂称为断口。常见断口有贝壳状（如玻璃、水晶）、参差状（如软玉）、土状（如绿松石）。

第二节　珠宝玉石的光学性质

宝石的光学特征是指宝石对可见光线的吸收、反射和折射时所表现的特殊性质，以及可见光在宝石中的干涉和散射现象。

一、颜色

颜色是宝石最直观的光学性质，它是肉眼鉴别宝石时最主要的单项指标，又是决定宝石品级、确定宝石价值大小的重要因素。

我们通常所见到的白色光线是由七种不同颜色的单色光所组成，所有的有色物体都具有吸收可见光中某些波长光的物理性能。当这种作用发生时，传播到人眼睛中的颜色仅是未被吸收的那些波长的混合色。宝石的颜色是宝石与可见光相互作用的结果。

宝石材料对光有选择性地吸收，是由于宝石中某些化学元素的存在，它们既可以是宝石的基本化学成分，又可以是其中的微量元素。宝石学中将宝石的颜色分为自色、他色和假色，相应宝石分为自色宝石、他色宝石和假色宝石三种类型。

自色宝石：引起颜色的元素是宝石主要的化学成分，例如橄榄石的致色元素铁(Fe)，是橄榄石的主要化学成分。自色宝石颜色很少变化。

他色宝石：引起颜色的元素是宝石中的微量元素。如刚玉，化学成分为三氧化二铝(Al_2O_3)，当它纯净时为无色，但当它含微量铬(Cr)元素时呈红色，称为红宝石；当它含微量铁(Fe)和钛(Ti)时呈蓝色，称为蓝宝石。

他色是由于外来杂质的混入造成的，宝石纯净时通常无色。

假色宝石：颜色与宝石的化学成分没有直接关系，由于宝石的一些结构特征，如包裹体、平行解理等对光的折射和反射而使宝石产生颜色。

色质、饱和度、亮度称颜色的三要素，不同的色彩可以以这三要素互相区别。

色质：一种色彩能描述为红、绿或蓝色的属性。通常用主波长表示。

饱和度：色彩的纯净程度，或者是白光的混入程度。通常用色光和白光的比例来定量表示。例如饱和度60％的色光，指有40％的白光混入，宝石的颜色不像纯净时那样鲜艳。

亮度：也称强度，指色彩的明亮程度，它取决于宝石和照射光线的相互作用以及宝石琢磨质量的优劣。亮度可简单地用高、中、低来形容。

二、透明度

透明度是宝石透过可见光的能力。通常划分为透明、半透明、不透明几个等级。

透明：宝石允许绝大部分光透过，透过宝石观察后面的物体，底像显示清晰分明。如无色水晶。

半透明：宝石允许部分光通过，透过宝石观察后面的物体，底像模糊，仅看到轮廓阴影。如高品质的月光石、碧玺。

不透明：宝石基本上不允许光透过，光线被吸收或反射，透过宝石无法观察到后面的物体。如黑玉髓。

三、折射率和双折射率

对于给定的任何两种相接触的介质及给定波长的光来说，入射角的正弦与折射角的正弦之比为一常数。这个比值称为折射率。

折射率也可表示为光在空气中的传播速度与其在宝石中的传播速度之比。即

$$\text{折射率(R. I)}=\frac{\text{光在空气中的速度}}{\text{光在宝石中的速度}}$$

钻石的折射率为2.417，就是说光在空气中的传播速度为在钻石中的2.417倍。

有些宝石，允许光线朝各个方向以相同的速度通过，即这类材料在任意方向上均表现出相同的光性(各向同性)，只有一个折射率值。

有些宝石(各向异性)，入射光通过后分解为两条彼此完全独立的、传播方向不同的、振动方向相互垂直的单向光线，这每一组方向光线称为平面偏振光。不同平面偏振光的传播速度不同，即有不同的折射率值，两个折射率之间的差值称为双折射率值。

各向异性宝石的双折射率用最大折射率和最小折射率的差值来表示。

例如水晶有两个折射率：最大折射率为 1.553，最小折射率为 1.544，双折射率为 0.009。

折射率是一个固定的比值。在宝石学中，折射率值在 1.35～1.81 之间的宝石折射率值是在折射仪上测定的，它是宝石鉴定中最重要的依据之一。

四、光泽

光泽是宝石表面反射光的能力，它反映了宝石表面的明亮程度。光泽在很大程度上取决于宝石的折射率，也取决于宝石的抛光程度。

在宝石学中，光泽从强到弱可分为金属光泽、半金属光泽、金刚光泽、玻璃光泽。

金属光泽为自然金、银、铂的光泽；金刚光泽是非金属矿物中最强的一种光泽，也是透明宝石所能显示的最好光泽，如钻石的光泽。玻璃光泽是大多数透明宝石显示的光泽，如红宝石、祖母绿、尖晶石等的光泽。

由于宝石的抛光程度及结构特征的不同，反光的特点会发生变异，形成一些特殊的光泽：

1. 油脂光泽——非常细微的粗糙表面显示如油脂表面似的光泽。如软玉。
2. 蜡状光泽——由于表面不平坦产生的光泽，较油脂光泽更弱。如玉髓、绿松石。
3. 树脂光泽——指一些质软宝石所显示的如树脂表面的光泽。如琥珀。
4. 丝绢光泽——由于纤维构造产生的如丝绢的光泽。如孔雀石、虎睛石。
5. 珍珠光泽——由许多细微的平行面形成的柔和多彩的反光和干涉现象。如珍珠。

光泽可以使宝石更加明亮，同时，不同光泽也为鉴定宝石提供了有用的线索。但各种光泽之间并没有明显的界线。

五、色散

当一束白光穿过一种有两个斜面的透明物质时，分解成它的组成波长，从而出现了五彩斑斓的色彩的现象，称色散。

典型的如钻石的火彩。当切磨良好的钻石在自然光下作相对转动，钻石表面会看到闪烁跳耀的火彩，有人称之为“火”。

色散有时也称“火”。对于有色宝石，这种“火”常被体色所掩盖。

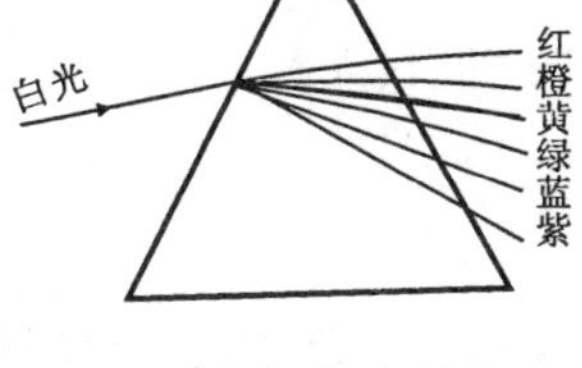

白色光线的色散

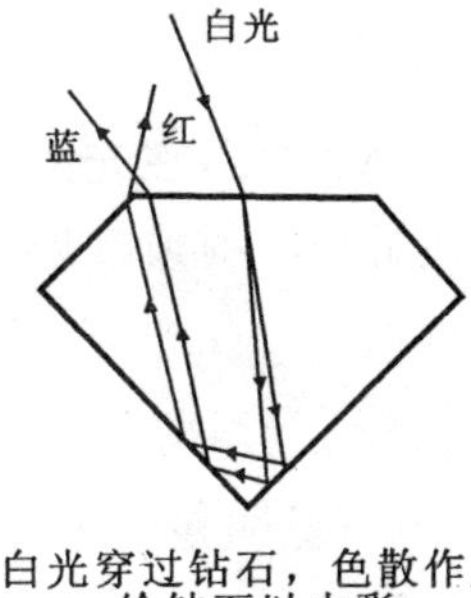

白光穿过钻石，色散作用给钻石以火彩

六、多色性

某些有色宝石的颜色随光波在其中振动方向不同，而显示的两种或三种体色的现象称多色性。

通常肉眼看到的颜色是两种或三种颜色的混合色。多色性的观察是用二色镜进行的。但一些多色性很强的宝石，如红柱石，肉眼在不同方向亦可见到颜色的变化。表 2-2 是几个显示多色性宝石的实例。

表 2-2　具多色性宝石实例

宝石	基本体色	多色性颜色
红宝石	红	红色/橙色
蓝宝石	蓝	蓝色/蓝绿色
堇青石	蓝	紫蓝/淡蓝/黄褐色
红柱石	褐绿	红/绿/橙褐色

七、特殊光学效应

1. 光彩效应

宝石内部的包裹体或结构特征对光所产生的一种漫反射效应。如月光石、日光石。

月光石由于正长石与钠长石互层而反射出银白色光彩。优质月光石所显示的蓝色光彩还有光的干涉作用的叠加。

日光石由平行排列的赤铁矿细小薄片，反射出具金属光泽的砂金效应。

2. 猫眼效应

琢磨成弧面形的一些宝石，在光照下表面出现一条明亮的光带，随样品的转动，光带会在宝石表面平行移动或张合，如猫的眼睛，故称猫眼效应。

许多宝石能产生猫眼效应，最著名的能产生猫眼效应的宝石是金绿宝石的一个亚种猫眼。其他能产生猫眼效应的宝石有：海蓝宝石猫眼、电气石猫眼、磷灰石猫眼、石英猫眼、方柱石猫眼、蛇纹石猫眼、红柱石猫眼、透辉石猫眼、绿帘石猫眼、透闪石猫眼和孔雀石猫眼等等。

3. 星光效应

琢磨成弧面形的某些宝石，在光照下表面出现一组放射状闪动的亮线，尤如夜空中闪烁的星星，称星光效应。通常为 4 射或 6 射，极个别为 12 射星状光线。常见的能产生星光效应的宝石有红宝石、蓝宝石。

4. 变色效应

不同光源照射下宝石呈明显颜色变化的光学效应称为变色效应。宝石学中常用日光和白炽灯两种光源进行观察。

变色效应最典型的例子是变石，它是金绿宝石的一个亚种。在日光下呈绿色，白炽灯下呈红色。这是因为变石含过渡元素铬(Cr)，铬(Cr)致色可以产生红色或绿色。变石中铬(Cr)的吸收取决于入射光的波长。日光中短波占优势，变石透过绿光呈绿色；白炽灯中长波多，变石透过红光呈红色。偶尔天然蓝宝石、尖晶石等也可以有变色效应。

变色效应不仅在天然变石中发生，还产生在合成变石和合成刚玉仿变石中，合成刚玉仿变石在日光下呈灰蓝绿色，白炽灯下紫红色，它是由过渡元素钒致色的。

5. 亮度

指光线从宝石后刻面反射而导致的明亮程度。

从几何光学中可知，当光线从光密介质(折射率较大的媒质)进入光疏介质(折射率较小的媒质)时，光线偏离法线折射，这时的折射角大于入射角。当入射角增加到折射线沿两介质之间的分界面通过时，即折射角达到 90°，这时的入射角称为临界角。

全内反射指当光线从光密介质进入光疏介质时，如果入射角大于临界角，光线将发生全内反射，并遵循反射定律，留在光密介质中。

切磨良好的宝石，可使从顶部进入宝石的入射光，经过多次全内反射再次从顶部射出，使宝石顿时增辉。如钻石就能显示完美的亮度。

一些低折射率的宝石要产生亮度则需很陡的底部，而底部过深会无法镶嵌，所以通常不产生强的亮度。

6. 变彩

特殊宝石的结构对光的干涉或衍射作用而产生的颜色或一系列颜色，颜色随光源或宝石的转动而变化，这种现象称变彩效应。

欧泊在结构上有规律的三度空间的球粒堆积，构成了一个三维衍射光栅，当它的球粒间隔大小和可见光波长相当时，就发生了光的衍射，即光的传播方向发生变化，这些相关光线相互干涉即产生了颜色。光的折射角随波长连续变化，所以不同角度变化出现不同的颜色变化。球粒大小的变化，产生了不同的颜色。这就形成了欧泊变彩。普通欧泊球粒大小不同，排列不规则，所以不产生变彩。

7. 发光性质

宝石在外来能量的激发下，发出可见光的性质称宝石的发光性。

当外来激发停止后，该宝石发光也立即停止的现象称荧光。

外来激发停止后，短时间内宝石仍能发出可见光的现象称磷光。

第三节 珠宝玉石的热学性质

物体对热的传导能力称为热导率。它是以穿过给定厚度的材料，并使材料升高一定温度所需的能量来度量的。

不同宝石的热传导能力不同，对比它们的热导率即可有效地区分宝石。热学性质有助于许多宝石的鉴定，最明显的是钻石，它的热导率远远大于热导率次高的刚玉。这就构成了热导仪鉴定钻石的基础(碳硅石除外)。具体参见宝石仪器有关章节。

加热也会影响宝石的颜色。这是由于一些变价的色素离子在不同的湿度条件下可改变其价态，或者加热使得晶体结构发生变化而影响其颜色。为了提高某些宝石的品质，利用加热的方法来改善宝石的颜色。例如对于玛瑙、蓝宝石和海蓝宝石的加热处理。

第三章　珠宝玉石首饰相关计量知识与鉴定证书知识

第一节　法定计量单位

一、长度单位

1m(米)＝100cm(厘米)
1cm(厘米)＝10mm(毫米)
1mm(毫米)＝1 000μm(微米)
1mm(毫米)＝10^6nm(纳米)
1m(米)＝10^9nm(纳米)
1nm(纳米)＝10Å(埃)
lm(米)＝3.28ft(英尺)
lft(英尺)＝0.30m(米)
lcm(厘米)＝0.39in(英寸)
lin(英寸)＝2.54cm(厘米)

二、质量单位

1kg(千克)＝1 000g(克)
1g(克)＝1 000mg(毫克)

第二节　行业用计量单位及换算

1g(克)＝5ct(克拉)
1ct(克拉)＝100point(分)
1ct(克拉)＝4grain(格林)
1ct(克拉)＝0.2g(克)
1point(分)＝0.01ct(克拉)
1grain(格林)＝0. 25ct(克拉)
1kg(千克)＝32.15oz,troy(金衡盎司)
lg(克)＝0.032 15oz,troy(金衡盎司)
1oz,troy(金衡盎司)＝31.103 5g(克)
1oz,avoiy(常衡盎司)＝28.349 5g(克)
1g(克)＝0.035 27oz,avoiy(常衡盎司)

第三节　鉴定证书知识

鉴定证书尚无统一格书，一般分裸钻分级证书、镶嵌钻石分级证书与宝石鉴定证书几种。鉴定证书是珠宝质检机构有专业资格的鉴定师根据国家标准进行鉴定后提供的报告，在保护市场，维护消费者权益方面能起积极作用。

不论何种形式的鉴定证书，其所包含的主要内容大致如下：

(1)名称：如宝石鉴定证书、镶嵌钻石分级证书、裸钻分级证书等。

(2)检验机构的名称、地址、联系电话。

(3)证书编号。

(4)所检样品的照片(必要时)。

(5)检验依据。

(6)鉴定者、审批者签字及机构印章。

(7)鉴定结果及说明被检珠宝首饰基本性质的技术指标，或说明被检样品的基本质量术语。

(8)鉴定证书签发日期。

下面就市场上常见的镶嵌钻石分级证书和宝石鉴定证书作简单介绍。

一、镶嵌钻石分级证书

如图 3－3－1 所示，依次包括如下内容：

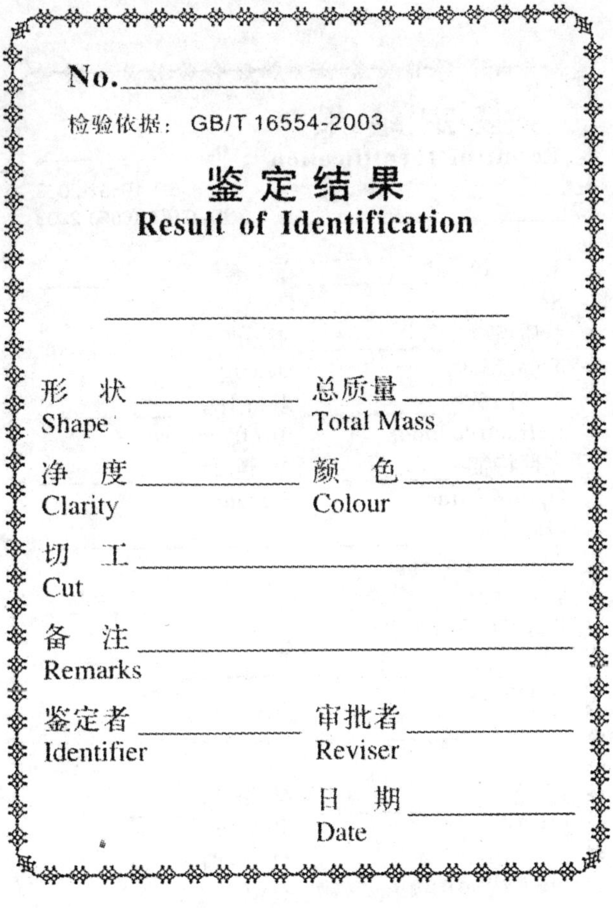

No.________

检验依据：GB/T 16554-2003

鉴 定 结 果

Result of Identification

____

形　状 ________ 总质量 ________
Shape　Total Mass

净　度 ________ 颜　色 ________
Clarity　Colour

切　工 ________
Cut

备　注 ________
Remarks

鉴定者 ________ 审批者 ________
Identifier　Reviser

日　期 ________
Date

图 3－3－1　镶嵌钻石分级证书

(1)质检编号：质检机构检测该饰品时所编的代号，具惟一性。

(2)鉴定结果：饰品名称，如“钻石戒”或“钻石项链”等。

(3)形状：主钻的形状，如“圆多面形”、“椭圆刻面”等。

(4)总质量：该件饰品总质量，包括托架及镶石的质量。

(5)颜色：主钻的颜色，按现行国家标准采用比色法分级，分“D—E、F—G、H、I—J、K—L、M—N、<N”七个等级。

(6)净度：主钻的净度，按国家标准在 10 倍放大镜下分“LC、VVS、VS、SI、P”五个等级。

(7)切工：对于满足切工测量的镶嵌钻石，①采用 10 倍放大镜目测法或仪器测量法，测台宽比、亭深比等比率要素，分“很好、好、一般”三个等级；②采用 10 倍放大镜目测法，对影响修饰度的要素加以描述。

(8)备注：一般会对镶嵌钻石的托架标注的纯度和钻石克拉重进行描述。如“印记：Pt900，D：0.25ct”，说明托架印记标注：材质是铂金，纯度为 900‰，主石 0.25 克拉。

二、宝石鉴定证书

如图 3－3－2 所示，一般包括如下内容：

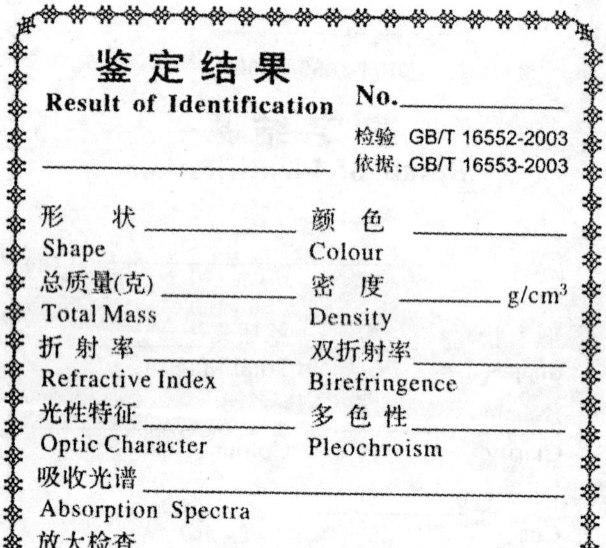
鉴定结果
Result of Identification　　No.＿＿＿＿＿＿
检验 GB/T 16552-2003
依据：GB/T 16553-2003
形　状 Shape＿＿＿＿　颜　色 Colour＿＿＿＿
总质量(克) Total Mass＿＿＿＿　密　度 Density＿＿＿＿ g/cm³
折射率 Refractive Index＿＿＿＿　双折射率 Birefringence＿＿＿＿
光性特征 Optic Character＿＿＿＿　多色性 Pleochroism＿＿＿＿
吸收光谱 Absorption Spectra＿＿＿＿
放大检查 Magnification＿＿＿＿
其　它 Other＿＿＿＿
鉴定者 Identifier＿＿＿＿　审批者 Reviser＿＿＿＿
日　期 Date＿＿＿＿
(此证书仅对该件样品负责，复制无效)

图 3－3－2　宝石鉴定证书

(1)颜色:鉴定证书中的颜色描述主要针对未镶嵌的珠宝玉石的本身颜色及已镶嵌的珠宝首饰中的主石颜色。

(2)总质量:①表示未镶嵌的珠宝玉石本身的质量,如翡翠挂件在天平上称量结果为6.80g,鉴定证书中的总质量便写明6.80g;②对于已镶嵌的珠宝首饰而言,总质量包括托架及所镶宝石的质量。

质量法采用法定计量单位千克的导出单位克(g)表示质量,为了适应珠宝行业传统上使用克拉的习惯,未镶嵌珠宝玉石的质量可在克后面加上相应的克拉值。

(3)形状:一般直接写出主石琢型的形状,如椭圆形刻面、椭圆形素面等;雕件写出其寓意,如连年有余、如意等。

(4)密度、折射率、双折射率、光性特征、多色性、吸收光谱等都是说明珠宝玉石的基本物理性质的专业术语。

(5)放大检查:记录珠宝玉石首饰的内部和外部特征,如:包裹体、羽状纹等。

(6)其他:该栏内写明已镶嵌的珠宝首饰印记标注所用贵金属的名称、纯度。如18K金,表示首饰用黄金镶嵌,纯度为75%;必要时写明除常见检测外所使用的一些特殊的检测方法,如翡翠的红外光谱检验等。

还可写明所检验样品一些需要附加说明的特殊情况,如样品经过“扩散处理”、“染色处理”,或是对检验结果的一些特殊说明,如对某粒蓝色托帕石的颜色成因不详时,可在备注栏中写明“该托帕石可能经过人工辐照处理”。

(7)鉴定结果:该栏内填写的是对样品进行鉴定后的最终结论。

第四章　珠宝玉石鉴定仪器及使用

为了能准确快速地鉴定宝石，人们设计了许多仪器，运用这些仪器可以无损、简便、快速、准确地鉴定宝石。下面简单介绍这些仪器的结构类型及使用方法。

第一节　镊　子

宝石镊子是一种长 16～18cm、尖头、内侧常有凹槽或“井”纹的用来夹持宝石的工具。镊子一般为不锈钢，常见灰色。高品质的镊子自身重量较轻，以弹性适中为好，以便使用时夹放自如。

一、类型

常见的宝石镊子有带锁和不带锁两种类型，根据尖头大小又可分大、中、小号，各种镊子在使用中的优点如下：

(1)带锁镊子：有利于无经验者观察宝石，不会因松手而滑落宝石；有利于长期固定宝石位置。

(2)不带锁镊子：灵活自如，由有经验的人士使用较为适宜。

(3)大号镊子：有利于夹持大宝石。

(4)中号镊子：有利于夹持 0.05～0.5ct 钻石。

(5)小号镊子：有利于夹持 0.05ct 以下的分钻。

(6)带槽镊子：有利于固定宝石，主要用于彩色宝石和大钻石。

(7)“井”纹镊子(不带槽)：主要用于钻石 4C 分级，避免槽对其净度和切工分级造成影响。

二、使用方法

使用镊子时，先将镊子平放于桌面，然后用拇指、食指及中指持镊子的两侧，三指轻轻用力将宝石夹持于镊尖。夹宝石时应注意用力均匀适度，用力过猛容易使宝石蹦出，用力不够会使宝石脱落。

第二节　卡尺和指环量尺

在珠宝首饰行业中，常用的测量器具有卡尺和指环量尺。

一、卡尺

卡尺的类型很多，如图 4－2－1 所示。在珠宝行业常用的游标卡尺、电子卡尺分别介绍如下：

1. 游标卡尺

(1)游标卡尺各部位名称。各部位如图 4-2-2 所示。

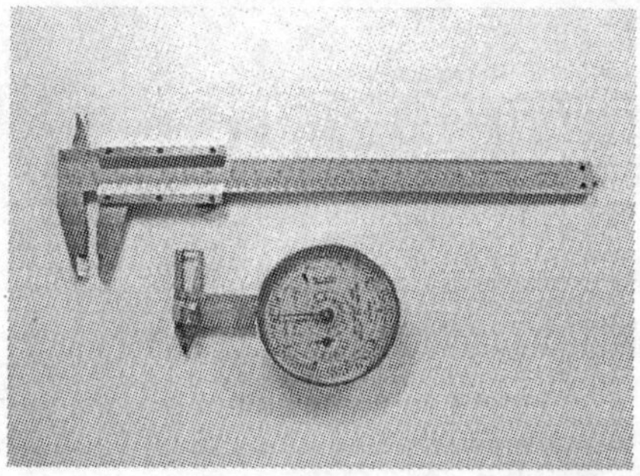

图 4-2-1 卡尺

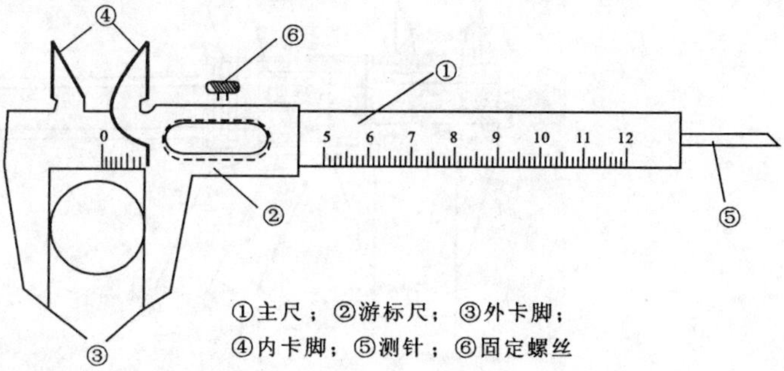

图 4-2-2 游标卡尺

①主尺:主尺上标注的数字为厘米数,最小刻度为 1mm。

②游标尺:可沿主尺滑动,上有游标刻度。

③外卡脚一对:用于测外径。

④内卡脚一对:用于测内径。

⑤测针:用于测内孔深度。

⑥固定螺丝。

(2)使用方法。

①松开游标卡尺上的固定螺丝,使游标卡尺能够在主尺上自由滑动。

②右手持尺,左手持物,用拇指推动游标,使固定卡脚与游标活动卡脚并拢。

③测量前,首先检查零点,观察游标卡尺上的零刻度与主尺零刻度能否对齐。

④读数时,应以毫米为单位,先从主尺上读出整毫米数,再从游标上找到与主尺上刻度线能对齐的刻度线,读出毫米以下位读数,两者相加得被测长度值。

⑤测量时,卡脚应与被测物轻微接触,不能压得太紧,以防物体变形或损伤卡脚。

⑥一般被测物应停留在两卡脚之间,禁止被测物在与两卡脚接触时移动或转动;变换测量位置时,应松开卡脚,再移动,以保护卡脚的精密接触面。

⑦使用完毕,将游标卡尺推回零位。

2. 电子数显卡尺

(1)各部位名称。各部位名称如图 4-2-3 所示。

① 内卡脚一对:用于测内径。

②液晶显示器。

③数据输出端口。

④插板(换电池)。

⑤置零按钮(可在测量中的任意位置置零)。

⑥公英制换算按钮(可循环转换)。

⑦外卡脚一对:用于测外径。

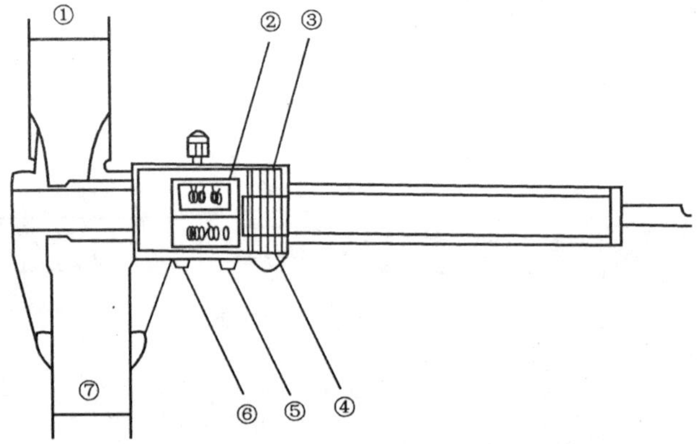

①内卡脚；②液晶显示器；③数据输出端口；④插板；
⑤置零按钮；⑥公英制换算钮；⑦外卡脚

图 4-2-3　电子数显卡尺

(2)使用方法。

①将卡尺置于初始位置(使固定卡脚与活动卡脚并拢)。

②按动“置零按钮”,使液晶显示器为 0.00。

③按动“公英制换算按钮”,选择公制“mm”或英制“in”。

④根据要求进行测量(测量基本方法参照 1. 游标卡尺部分),测量结果显示在液晶显示器上,读取数据。

⑤测量完毕,使卡尺返回初始状态。

(3)注意事项。

①严格按照操作规程进行测量,以确保卡尺处于良好的使用状态,保证准确率。

②卡尺尺身表面应保持清洁,避免水等液态物质渗入尺框内导致电子元件损坏。

二、指环量尺

指环量尺是用于测量戒指圈口的工具。主要有两种:一种是用于成品戒指圈口测量的戒圈棒(见图 4-2-4);另一种是通过测量手指确定所需戒指圈口尺寸的标准圈,称为指环(见图 4-2-5)。

1. 戒圈棒及其使用方法

(1)戒圈棒的结构。

戒圈棒通常用金属或胶木制作,分把手部分和测量部分;其中测量部分由细的一端至粗的一端具有分级刻度和相应的编号,编号亦从小到大顺序排列。

戒圈棒上测量部分的分级代表着戒指圈口尺寸的大小,每一级具有一个编号,编号数字越大,代表戒指圈口的内径尺寸越大。而每一级的划分,通常根据精度要求和实用性来确定,有的按每 1mm 划分一级(例如:12 号代表戒指圈口内径为 12mm),也有的按每 0.5mm 划分一级(例如:12.5 号则代表戒指圈口的内径为 12.5mm)。

(2)戒圈棒的使用方法。

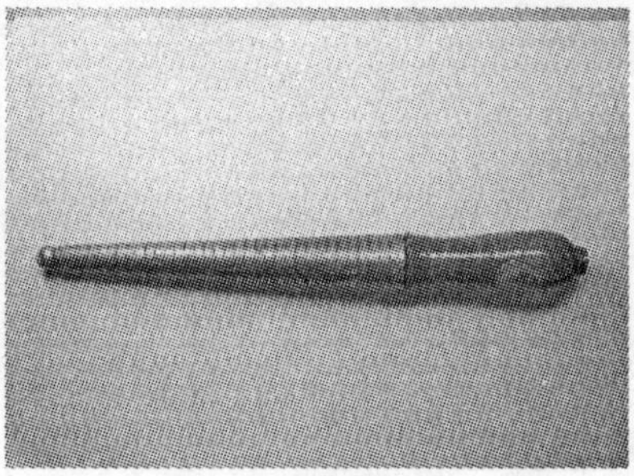

图 4-2-4　戒圈棒

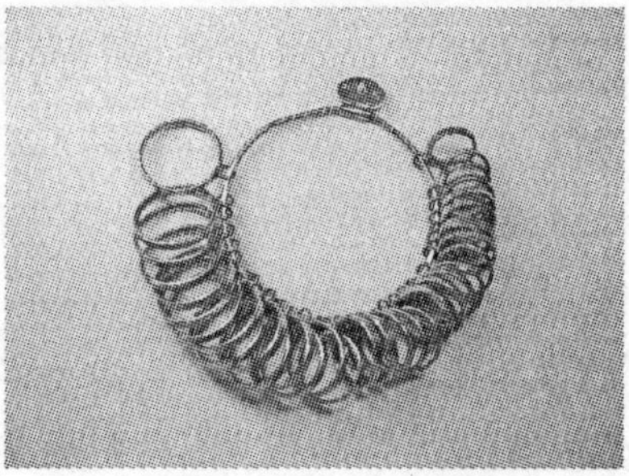

图 4-2-5　指环

将待测的成品戒指套在戒圈棒上，读取棒上相应的数字，即可知道所测量的戒指圈口的尺寸。

应注意的是：读取戒圈棒上的数字时，须以圈口中心线所在位置相对应的棒上标志数字为准。

2. 指环及其使用方法

(1)指环的结构。

指环通常用金属制作，由若干个内径大小不同的标准圆环组成，每一圈环上标有一个编号或字母，代表这个圆环的内径为多少毫米。

(2)指环的使用方法。

在日常生活中，常常需要根据手指的粗细加工或购买戒指，这就需要测量手指的尺寸。测量时只需将合适的“指环”戴在手指上，读取“指环”上的编号，即可知道手指佩戴戒圈的尺寸，也称为戒指的“手寸”。照指环的编号加工、购买成品即可得到尺寸合适的戒指。

我国现行的手寸是以号来表示的，普通人的使用范围在 8～28 号之间，常见指环编号与指环直径的对应关系见表 4-1。

表 4-1　指环编号与指环直径对比表　(单位：mm)

指环编号	指环直径(mm)	指环编号	指环直径(mm)	指环编号	指环直径(mm)	指环编号	指环直径(mm)
1	13	8	15.3	15	17.7	22	20
2	13.3	9	15.7	16	18	23	20.3
3	13.7	10	16	17	18.3	24	20.7
4	14	11	16.3	18	18.7	25	21
5	14.3	12	16.7	19	19	26	21.3
6	14.7	13	17	20	19.3	27	21.7
7	15	14	17.3	21	19.7	28	22

第三节　折射仪

一、结构和原理

折射仪是依据折射和全反射原理，测宝石临界角值，并将它转化为折射率的仪器。

折射仪的外观如图 4－3－1 所示。常用的一般主要由棱镜工作台、内置标尺、目镜、偏光片和光源等组成。可测量宝石的折射率、双折射率以及光性。

图 4－3－1　折射仪

测试时还需备有接触液，其折射率常为 1.79～1.81。

用于折射仪的光源要求是单色光。宝石学中统一采用波长为 589.5nm 的黄光。

折射仪的结构及接触液的特点决定了折射仪适用于折射率在 1.35～1.78(或 1.81)之间的样品。

二、使用方法

1. 大刻面宝石的测试方法

(1)擦净测台(棱镜)。

(2)擦净宝石，选最大、最平整光滑的面置于测台一侧的金属台面上。

(3)打开光源，使光进入折射仪。

(4)在棱镜中央点一滴接触液，液滴多少视样品待测面大小而定，一般液滴直径 1～2mm 即可。

(5)用手轻推宝石至测台中央。

(6)眼睛靠近目镜观察阴影边界，读数并记录。若阴影边界不清晰，可加偏光片观察，观察时转动偏光片到阴影边界清晰时读数并记录。

转动样品 360°，每隔 15°～25°按上述步骤读数记录，获样品不同位置上的折射率。

分析所获得的折射率，选取其最大值、最小值和稳定不变的值，判断宝石轴性和光性符号。

(7)测试完毕，擦净宝石和测台。

测试过程中折射仪视域中显示的阴影边界一般有两种情况：

①宝石转动 360°，只显示一条阴影边界，说明宝石只有一个折射率。此类型的宝石可能是等轴晶系的宝石或非晶质体宝石，如尖晶石、玻璃等。

②宝石转动 360°，显示两条阴影边界，一条动，一条不动或两条都动。说明此宝石具有两个以上的折射率值，如红宝石、祖母绿、水晶等。

当圆形影像点由标尺从上至下移动过程中全为黑点时，说明样品的折射率大于接触液的折射率。用折射仪无法获得样品的折射率，如翠榴石和锆石；若视域全亮或亮暗不匀，则可能为接触液过多、过少或干涸；也可能是样品未置于测台中央。

2. 小刻面或弧面型宝石的测试方法(点测法)

宝石样品平面过小或无平整面(弧面型宝石)，则可以用点测法获得一个近似折射率。

(1)擦净测台及宝石。打开光源，使光进入折射仪。

(2)将接触液滴在金属台面上，手持样品沾一点点接触液，将沾有接触液的部位置于棱镜中央。样品延长方向最好与棱镜的长边一致。

(3)取下偏光片。眼睛远离折射仪 30～35cm 处观察。头部略上下移动，在标尺上寻找圆(椭圆)形影像点。由标尺上方至下方圆形影像点由暗逐渐变亮。找出上半圆暗、下半圆亮的影像点，读出并记录明暗交界处标尺上的读数，即获此宝石近似折射率(图 4-3-2)。

(4)测试完毕，擦净宝石和测台。

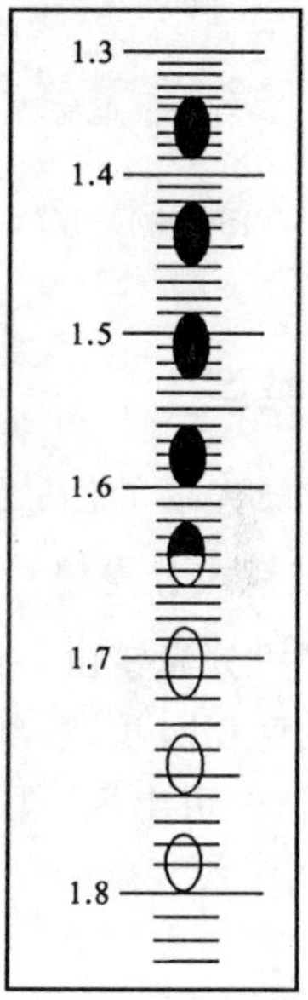

图 4-3-2　利用标尺测试宝石折射率

三、注意事项

(1)折射率高于 1.81 的宝石和无良好抛光的宝石无法测定。

(2)每测定一个宝石后都应该用镜头纸或酒精棉球擦净棱镜。若长期不用，最好在金属台面上涂一层凡士林，以免生锈。

(3)测试时用手轻推宝石至测台(棱镜)中央。当怀疑待测样品是钻石时，先不用折射仪测试，因为钻石硬度高，易磨损棱镜。

(4)接触液一般用小瓶装，液体具挥发性，所以每次用完应及时盖好瓶盖，并安放在合适的地方。

第四节　分光镜

一、结构和原理

分光镜用来测定宝石的吸收光谱(图 4-4-1)。利用色散元件(棱镜或光栅)便可将白光分解成不同波长的单色光，并且构成连续的可见光谱(图 4-4-2)。有色宝石对光选择性吸收，吸收后光谱出现垂直的黑线或黑带，黑线称为吸收线，黑带称为吸收带。

根据这些吸收特征可以判断宝石致色元素或宝石种类。

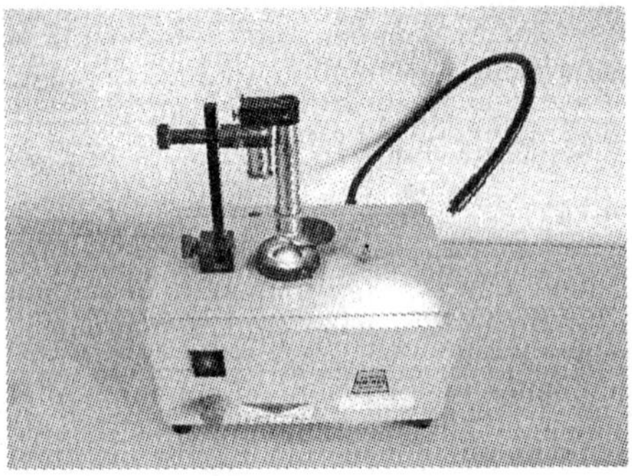

图 4-4-1　台式分光镜

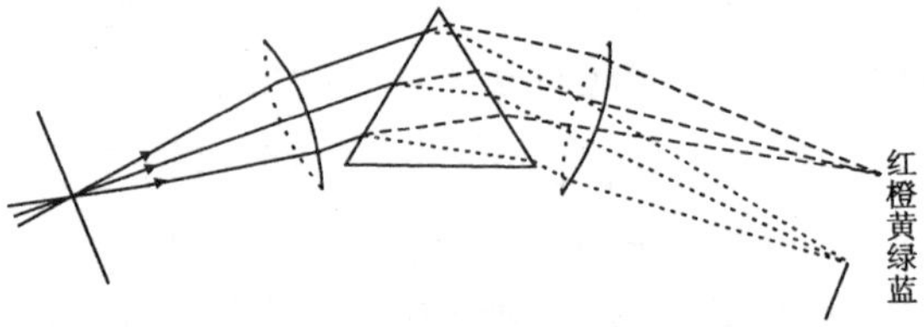

图 4-4-2　利用棱镜产生的连续可见光谱

二、类型

根据分光镜的色散元件的不同，分光镜可分为棱镜式分光镜和光栅式分光镜。

1. 棱镜式分光镜

棱镜式分光镜由一组棱镜组成(如图 4-4-3)，这些棱镜呈光学接触，棱镜式分光镜的特点是蓝紫区相对扩宽，红光区相对压缩。因此，在光谱上的色区呈不均一分布。但其透光性好，在光谱中可出现一段明亮的光谱，有利于观察蓝紫光区光谱。

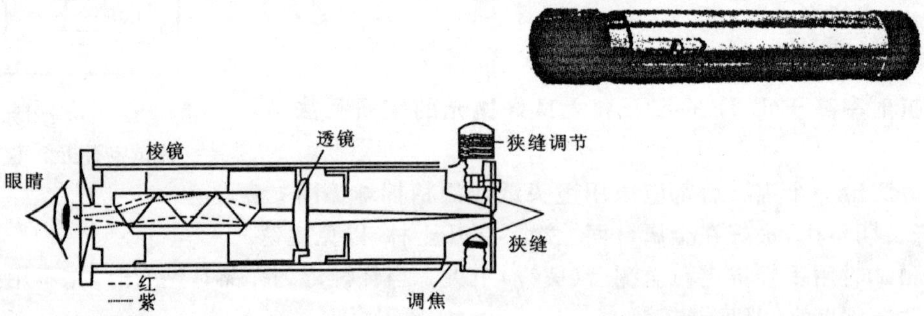

图 4-4-3　棱镜式分光镜

2. 光栅式分光镜

光栅式分光镜主要由绕射光栅组成。光栅式分光镜的特点是色区大致相等，红光区分辨率比棱镜式高，但透光性差，须用强的光源。

三、使用方法

1. 内反射法(如图 4-4-4)

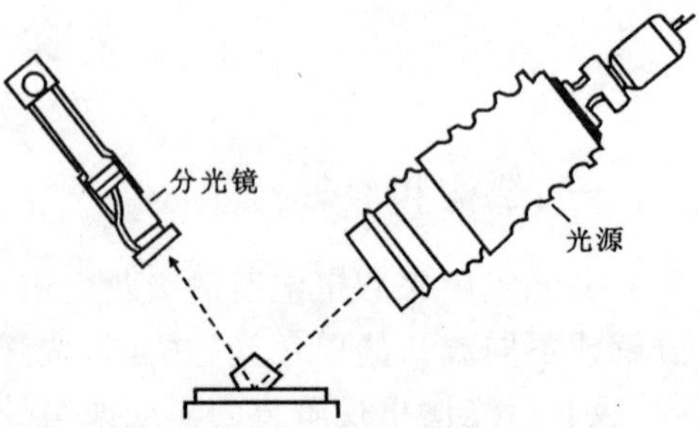

图 4-4-4　内反射法

适用于颜色较浅、宝石颗粒较小的透明宝石。观察方法如下：

(1)宝石台面向下置于黑色背景下。

(2)调节光源角度,使入射光方向与分光镜的夹角大致呈45°。

(3)将分光镜对准宝石,使尽可能多的光通过宝石的内部反射后进入分光镜。

(4)判读分光镜中吸收线的位置。

2. 透射法

适用于半透明至透明的宝石,可保证足够的光透过宝石进入分光镜。观察方法如下:

(1)将宝石置于带小孔的黑板上。

(2)将光源对准宝石。

(3)将分光镜从另一端对准宝石。

(4)判读分光镜中的吸收线位置。

3. 表面反射法

适用于透明度不好的宝石,调节入射方向与分光镜的夹角,使尽可能多的白光在宝石表面反射后进入分光镜。操作方法同透射法。

四、注意事项

(1)采用白光源(连续光谱)可用白炽灯、手电筒或特制光纤灯。

(2)光谱中吸收线(带)的清晰程度受宝石大小、颜色深浅、透明度好坏等影响。

(3)尽量让通过宝石的光进入分光镜。

(4)戴眼镜者要确保镜片无吸收。

五、宝石中常见能产生特征吸收光谱的元素

1. 铬

铬元素致色的宝石多呈鲜艳的红色和绿色。它是引起红宝石、合成红宝石、红色尖晶石、粉红色黄玉、变石、祖母绿、翡翠和翠榴石等宝石颜色的主要致色元素。铬在上述宝石中所产生的光谱略有差异。

铬吸收谱线清晰,谱线特征大致为紫光区吸收带、黄绿区宽吸收带、红光区窄的吸收线。

2. 铁

铁元素主要形成宝石的红、绿、黄和蓝色,如铁铝榴石、橄榄石、蓝色尖晶石、透辉石、符山石、堇青石等。

吸收光谱特征为吸收带主要分布在绿光区或蓝光区内。谱线清晰度远小于铬。

3. 钴

钴是人工宝石常用的致色元素。合成蓝色尖晶石和蓝色玻璃由钴致色,在橙、黄和绿光区有三条明显的吸收强带为其特征性光谱。

4. 铀

放射性元素铀,通常能使锆石产生1～40条的吸收线,并在各色区中均匀分布。有些产地的锆石能在653.5nm处出现清晰的吸收线,而这条吸收线为锆石的诊断线。但红色锆石通常无吸收线。

5. 钒

合成刚玉(仿变石)经常加入微量的钒。含有钒的合成刚玉往往在蓝区 475nm 处出现一条清晰的吸收线,该线可作为合成刚玉(仿变石)的诊断线。

分光镜是宝石鉴定中不可缺少的仪器,特别是当折射仪对某些宝石的测试无能为力时,分光镜往往最能发挥作用。如折射率大于 1.81 的锆石、钻石,利用分光镜,大多数能作出诊断性的鉴定。分光镜还可以检测翡翠是否经过了人工染色。宝石中致色元素不同,所显示的光谱特征也不同,根据宝石吸收光谱中的吸收线或者吸收带出现的位置,可帮助确定宝石致色元素,从而达到鉴定宝石的目的。

第五节　二色镜

一、结构和类型

1. 冰洲石二色镜

这种仪器是用无色的具有强双折射的冰洲石构成,冰洲石可将穿过多色性宝石的两束平面偏振光区分开来,并将两束光线的不同颜色并排在窗口。结构如图 4-5-1 所示,由玻璃棱镜、冰洲石菱面体、窗口和目镜组成。

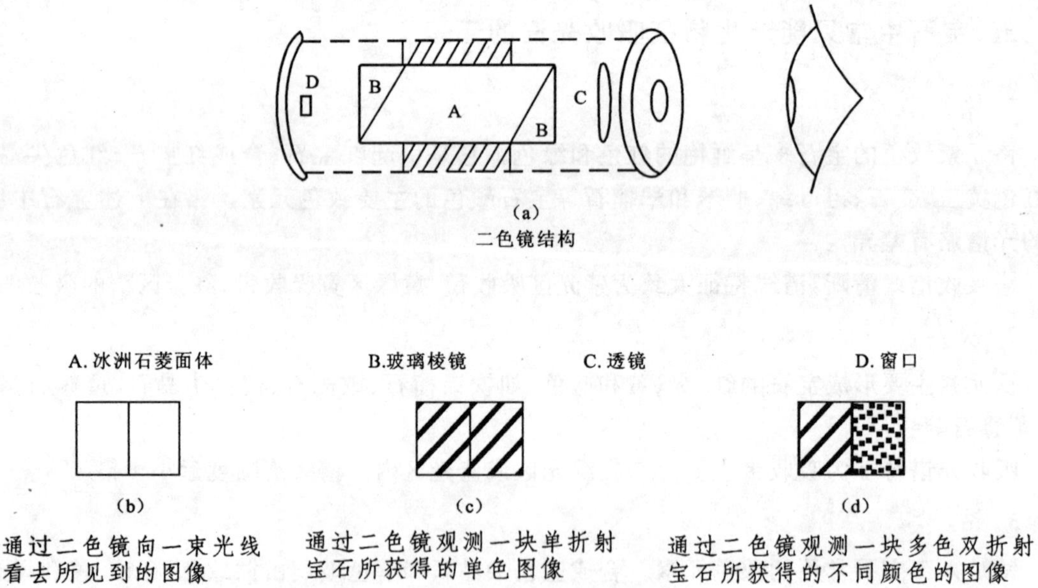

图 4-5-1　二色镜结构和观测

2. 偏振光二色镜

以人造偏振片取代二色镜中的冰洲石菱面体。偏振片被切成两片或四片,并拼合起来,具多色性的宝石在不同偏振片上呈不同颜色。但是这种二色镜效果略差于冰洲石二色镜。

二、使用方法

二色镜是一种辅助的鉴定仪器，主要用来检查宝石是否有二色性，从而作为鉴定宝石的一种依据。根据多色性显示强度的不同可分为强、中、弱。

具体使用方法如下：

(1)用镊子夹着或左手直接拿着宝石，右手持二色镜，使手电筒光投射于宝石上。

(2)眼睛和宝石都要靠近二色镜两端，其间距应在2～5mm之间。

(3)边观察边转动二色镜。

(4)若二色镜的两个窗口出现颜色差异，将二色镜转动180°，若两窗口颜色互换，则表明宝石有多色性。

(5)为了避开宝石的特殊方向(此方向无多色性)，对每个宝石至少应从三个方向去观测，若呈现两种颜色，说明宝石有二色性；若呈现三种颜色，则该宝石有三色性。

三、注意事项

(1)用白光(太阳光或手电筒光)照射宝石，不能用单色光来检查宝石的多色性。

(2)观察对象应为有色的透明的单晶宝石，不透明宝石和多晶质宝石无法观察到多色性。

二色镜可用来鉴别某些有色宝石。如当已知两包红色宝石分别为红宝石和石榴石时，可用二色镜进行区别，在二色镜下观察，有二色性的是红宝石，而没有二色性的是石榴石。二色镜还可以对琢磨宝石起指导定向作用，以便使宝石最佳颜色通过顶刻面显现出来。

第六节　偏光镜

一、结构

偏光镜是一种比较简单的仪器，对于区别均质体宝石和非均质体宝石非常有用，为辅助鉴定仪器。偏光镜主要由两个偏振片(即上下偏光镜)构成，此外还有光源，玻璃载物台(图4－6－1)。

二、使用方法

(1)首先应使上下偏光处于正交位置(视域黑暗)。

(2) 将宝石放于物台上。

(3)再在两偏振片之间转动宝石360°，观察宝石明暗变化。

当转动宝石360°时：

①如视域始终黑暗，则为均质体宝石，如尖晶石。

②如视域全亮，无明暗变化，则为非均质多晶

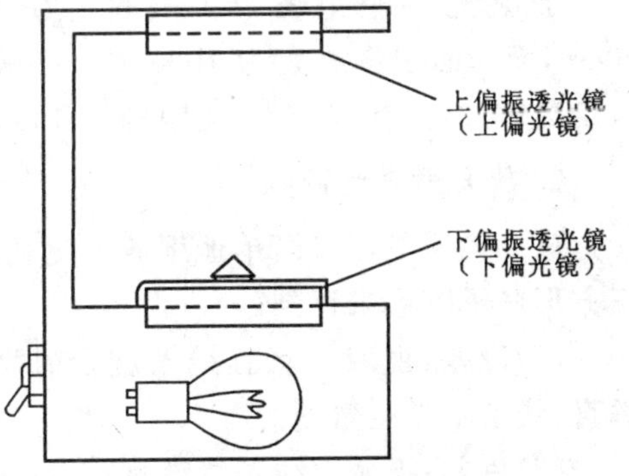

图4－6－1　偏光镜结构图

质宝石，如翡翠、软玉等。

③如视域内四明四暗，则为非均质体宝石，如红宝石、水晶等。

④如视域内出现弯曲黑带、格子状、波状、斑块状消光时，则为异常消光现象（玻璃、塑料制品）。不同宝石产生的异常消光各不相同。

利用偏光镜也可进行多色性的观察，方法是将上、下偏振片转至平行的位置（又称平行偏光），使透射光能够最大限度地通过。当把宝石放在上、下偏振片之间转动时，如果是具有多色性的宝石，则在转动相隔 90°时会出现不同颜色，这种观察方法的特点是：每转动 90°只能显示一种颜色。

三、注意事项

（1）用偏光镜观察宝石，要求样品透明或半透明。

（2）宝石含有大量的裂隙或包裹体，结果须用其他方法补充鉴定。

第七节　10 倍放大镜和宝石显微镜

一、放大镜

放大镜是携带和使用最为方便的宝石鉴定工具。

放大镜的放大倍数＝明视距离/放大镜焦距。明视距离是指能长时间清晰观看而不易感到疲劳的最短距离。正常眼睛的明视距离为 25cm。

1. 结构

日常生活中用的放大镜是由单片凸透镜构成的。放大倍数与凸透镜的曲率有关，放大倍数越大凸透镜曲率越大。由此引起视域范围边部图像畸变（像差）和出现彩色边缘（色差）。

双合镜是由两片平凸透镜构成。优点是很大程度上消除了像差（图 4－7－1）。

三合镜是由两片铅玻璃制成的凹凸透镜中夹一无铅玻璃制成的双凸透镜粘合而成（图 4－7－1）。无像差和色差。

宝石学中一般选择 10 倍放大镜（用 10×表示）。它表示如果用它观测一个边长为 1cm 的正方形，其每边边长放大为 10cm，而其面积将放大为 $100cm^2$。20×、30×的放大镜虽然放大倍数增加，但视域变小，焦距即工作距离变短，造成使用不便。

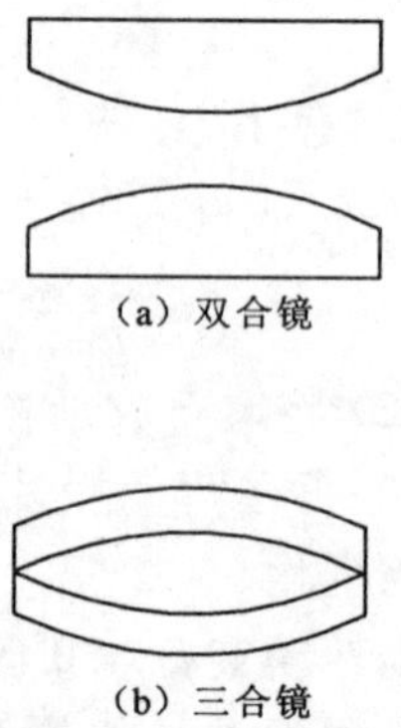

（a）双合镜　（b）三合镜

图 4－7－1　放大镜结构

2. 放大镜质量评判

放大镜质量可以简单地用放大镜观察米格纸上 1mm×1mm 正方形格子图形来评判。

（1）像差：视域中所有线条应同时聚焦；视域中网格线相互垂直，线条不发生弯曲。

（2）色差：视域中线条清晰且不带有色边。

要特别注意观察视域边缘处。如符合上述情况，可以认为放大镜的质量好。

3. 使用方法和注意事项：

(1)清洁放大镜和宝石样品。以免误将灰尘或汗滴视为样品表面特征。

(2)一手持放大镜，另一手用镊子夹住宝石。放大镜靠近眼睛，距离约为 2.5cm 左右，镊子夹住宝石置于放大镜前也约 2.5cm 左右，为保持工作距离及放大镜和样品的稳定，应将胳膊支撑在桌子上。

(3)用较强的光源照射在样品上，以光不直射观察者眼睛为宜。

(4)观察中必须转动样品，从各个方向上观察样品内、外部特征，并随时调节工作距离，以便始终清晰地观察到各种现象。

(5)观察时座位要舒适，两眼睁开，以免眼睛疲劳。

二、宝石显微镜

在宝石学中，显微镜一般可用来放大观察宝石外部和外部特征，是区分天然宝石、合成宝石及仿制宝石的重要手段。

1. 结构

宝石显微镜一般采用双筒立体变焦显微镜。是由双目镜、可变放大物镜、显微镜支架和底光源四部分组成。放大倍数可从 10 倍至 70 倍。与一般显微镜所不同的是这种显微镜有一内置光源可以产生亮域或暗域照明，并配有顶光源照明及特殊的宝石支架(图 4－7－2)。

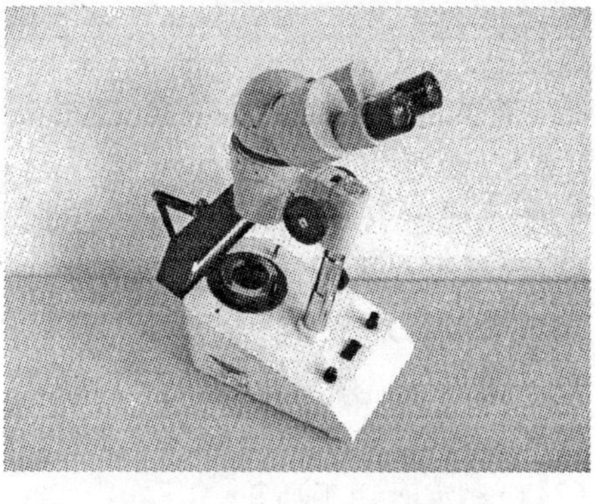

图 4－7－2　宝石显微镜

根据观察宝石的需要宝石显微镜的照明方式分为暗域法、亮域法和顶部照明法(图 4－7－3)。

(1)暗域法。

来自底光源的光不直接射入宝石，而是经半球状反射后再射入宝石，使宝石中内含物在暗色背景下显得更清晰。如合成刚玉中的弯曲生长线用这种照明方法就能很容易地观测到。

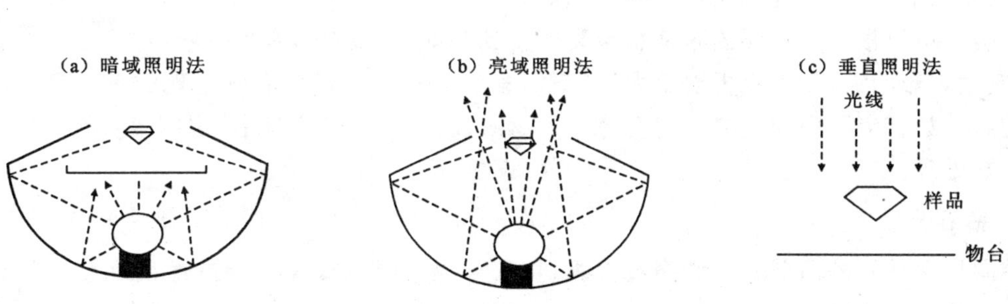

图 4－7－3　宝石显微镜的照明方法

(2)亮域法。

这是一种由底部的光源对宝石进行直接照明的方法。

这种方法一般光圈常锁得很小,可以使宝石中的内含物在明亮的背景下呈现黑色影像,这也是一种观察弯曲条纹的有效方法。

(3)垂直(顶部)照明法

这种方法,光源是从宝石的上方进行照明,可在反射光中观察宝石表面或近表面特征。这种方法是很重要的检测不透明至微透明宝石的方法。

2. 使用方法及注意事项

(1)清洗宝石,防止将表面的灰尘当作内部特征。

(2)使用显微镜前需要调节目镜,使双眼同时准焦。当宝石放在载物台或夹子上后,先用没有可调旋钮的目镜观察宝石,用宝石显微镜支架上的旋钮调整焦距,达到清楚时,再调整另一目镜的调节旋钮使之准焦。

(3)先用低倍物镜观察宝石的解理、裂隙、生长纹等特征。若看到感兴趣的内、外部特征,将目标移至视域中心,逐渐增加放大倍数,直到看清楚为止。

(4)为了减少宝石表面反射或漫反射,增强观察效果,可将宝石放入浸油中,宝石的折射率与浸油折射率越接近,观察到的现象会越清晰。

三、放大镜和宝石显微镜的用途

1. 检查宝石外部特征

(1)观察宝石基本性质。

其是用来观察宝石表面光泽、棱线尖锐度、表面平滑程度、原始晶面和解理等,从而可以得到一些鉴定信息。如宝石腰部有拼合缝,可能是拼合石;若宝石棱线很尖锐,表面平滑,表示此宝石硬度很高。

(2)观察宝石切工质量。

观察宝石切磨质量和抛光质量。如钻石切工的评价:对称性好否,同形刻面是否等大,棱线是否交于一点,是否有多余刻面、表面是否有抛光纹和灼伤痕等。

2. 观察宝石内部特征

内部特征包括色带、生长纹、后刻面棱重影、包裹体等。通过观察宝石内部特征,可以鉴别宝石,区分天然与合成,是否经过优化处理等。

橄榄石可以根据其特征的睡莲状包裹体得到验证;红宝石若色带、生长纹弯曲则必为合成品;后刻面重影明显,则为双折射率大的宝石;有单个的气泡或气泡群出现的单晶宝石可能为合成宝石。如蓝宝石中的金红石包裹体呈点状线性分布,色带有扩散,说明该宝石可能经过了后期加热处理。

3. 钻石分级

主要用于钻石的简单鉴定和净度分级、切工分级。国标规定钻石的净度和切工评价应在10×放大条件下进行。

第八节　天平或重液测量相对密度

一、静水称重法

利用天平测量宝石的相对密度，通常采用静水称重法。

1. 原理

利用天平进行静水称重测定宝石的相对密度。假若用 m 表示宝石在空气中的重量，用 m_1 表示宝石在水中的重量，那么宝石在水中（4℃）排开同体积水的重量等于 $m-m_1$，将所测数据代入下列公式计算：

$$相对密度=\frac{宝石在空气中的称重(m)}{宝石在空气中的称重(m)-宝石在水中的称重(m_1)}$$

即：

$$相对密度=\frac{m}{m-m_1}$$

由于水具有较大的表面张力，在测定相对密度时可能有误差，所以通常使用其他液体进行测定。如果宝石相对密度用其他液体进行测定时，则上述公式应为

$$相对密度=\frac{m}{m-m_1}\times 液体相对密度$$

液体的相对密度值，根据当时所测宝石时的室内环境温度而定。

2. 测量方法

以带储存电脑的单盘电动天平为例。使用方法如下：首先调水平，装好支架，将玻璃杯（带2/3 杯液体）放在天平上，按操作键得到宝石在空气中的质量 m，再将宝石放入玻璃杯浸没液体中，得宝石在液体中的质量 m_1，可代入公式：

$$相对密度=\frac{m}{m-m_1}\times 液体相对密度$$

按公式很快计算出宝石的相对密度。

这种电子天平是专门为宝石行业设计的。

静水称重利用天平测量宝石的相对密度，精度高，不受宝石形状限制，快速简便，为一种无损鉴定方法，但对太小的宝石或多孔、裂隙发育的宝石误差较大。

二、重液法

不同宝石相对密度不同，在宝石鉴定中采用重液法可近似地测出宝石相对密度值。

最常用的重液有四种：

三溴甲烷（稀释）	相对密度为 2.65
三溴甲烷	相对密度为 2.89
二碘甲烷（稀释）	相对密度为 3.05
二碘甲烷	相对密度为 3.32

重液法近似地测量宝石相对密度操作方法如下：

用镊子轻轻地将宝石放入一套已知的相对密度值不同的重液中（应放在液体中央），观察

宝石在液体中的上升、悬浮或下沉状态，来决定宝石的相对密度近似值。

通常宝石在重液中可能表现出三种状态：

(1)呈漂浮状态，表明宝石的相对密度小于重液的相对密度。

(2)呈悬浮状态，表明宝石的相对密度与重液的相对密度相等。

(3)呈下沉状态，表明宝石的相对密度大于重液的相对密度(见图 4－8－1)。

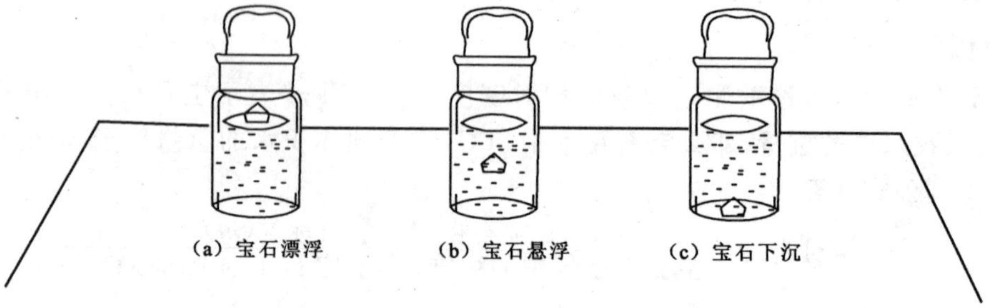

图 4－8－1　宝石在重液中的状态

另外，在宝石测定中，通常还用饱和盐水溶液，其相对密度 1.13(水中加盐直到不溶为止)；克列里奇液，相对密度 4.15。不过后者价格昂贵，并且属一种非常有害的液体，一般应尽量少用。

第九节　查尔斯滤色镜

一、结构和原理

查尔斯滤色镜由两个滤色片构成，其特点是：滤色片仅能通过深红色(约 690nm)和黄绿色(约 570nm)的光，而其他的光全部吸收。

二、使用方法

将查尔斯滤色镜置于眼睛前方并靠近眼睛，用强光源照射宝石，观察宝石表面颜色的特点。

三、注意事项

(1)在查尔斯滤色镜下看到的宝石颜色不是一成不变的，它与宝石透明度有关，与宝石的致色元素有关。

(2)查尔斯滤色镜是一种辅助仪器，通过它只能提供一些重要信息，但不能作为鉴定宝石的主要手段。

查尔斯滤色镜最早用来区别天然祖母绿及其仿制宝石。产自哥伦比亚和西伯利亚的祖母绿，在滤色镜下呈红色，而其他绿色的仿制宝石则呈绿色，但印度、南非等地的祖母绿在滤色镜下也呈绿色。

滤色镜的更进一步运用是检测经人工染色处理的宝石和人工合成宝石。如早期铬盐染色翡翠在滤色镜下显红色，而天然翡翠通常不变，但常有例外。合成蓝色尖晶石和蓝玻璃在滤色镜下显红色，而颜色相近的蓝尖晶石、蓝宝石、海蓝宝石等在滤色镜下则不变色。

第十节 紫外荧光灯

一、结构和原理

紫外荧光灯是通过荧光灯中的特殊灯管发出紫外线来激发宝石荧光的一种仪器。一根为长波紫外线灯管，产生 365nm 紫外线，另一根为短波紫外线灯管，产生 253.7nm 紫外线。

二、使用方法

(1)将清洁后的宝石放入暗箱。

(2)打开荧光灯开关。

(3)通过防紫外线玻璃罩观察宝石。

(4)分别观察不同光波下荧光颜色及强弱。

三、注意事项

(1)荧光灯只是一种辅助性鉴定仪器，不能作为鉴定宝石的主要依据，需其他手段进一步支持。

(2)眼睛不能直视荧光灯管，应透过防紫外线窗观察，以免紫外线损伤眼睛。

紫外荧光灯是用来检测宝石是否具有荧光或磷光，根据荧光特点有时可揭示某些宝石的特征，从而鉴别宝石。如：

①鉴定钻石及其仿制品。钻石的荧光性从无到强，颜色多样，而其仿制品大都只有单一的荧光色，因此在鉴定群镶钻石和批量钻石时紫外荧光灯十分有效，若为钻石，其荧光性就不会完全一致，会显示各种颜色各种强度的荧光，而仿钻则荧光性较均一。

②帮助鉴定宝石品种，区分宝石的天然与合成。根据不同宝石的荧光性不同，可以帮助区分同种颜色的宝石品种，如红宝石在荧光灯下有红色荧光，而石榴石无荧光。合成红宝石、合成祖母绿通常比天然红宝石、天然祖母绿荧光色鲜艳明亮。

③判断宝石是否经过人工处理。某些拼合宝石的胶层发出与宝石整体不同的荧光，某些注油、注胶或玻璃充填物会发出荧光。如某些注胶处理翡翠会发出蓝白色荧光。

第十一节 钻石热导仪

一、结构和原理

通常物体对热的传导本领称为热导率。热导仪是根据宝石的导热性设计的。

在宝石中热导率最高的为钻石，钻石的热导率远远大于次高的刚玉。钻石热导仪正是利用钻石这一热学性质来鉴定钻石和除合成碳硅石以外的各种钻石仿制品的一种仪器。

典型的钻石热导仪，由热探针、电源、放大器和读数表四部分组成，读数表可由信号灯或蜂鸣器代替。当加热的探针接触钻石表面时，探针温度明显下降，热导仪会检测出并显示结果。而其他宝石由于导热性差，不具有类似的温度下降速度，则热导仪无钻石反应。

二、使用方法

(1)清洁宝石并使之干燥。

(2)打开热导仪开关，预热探针。

(3)用探针对垂直宝石刻面测试，施加一定的压力，看读数表显示结果。

(4)检测完毕，关掉电源，用镜头纸擦试探针，戴上防护罩。

三、注意事项

(1)热导仪是区别钻石和仿钻的一种专门仪器。但必须注意合成碳硅石也具有极高的导热性，用热导仪无法将二者区别开，须借助其他方法。

(2)宝石表面必须洁净、干燥。在检测小分钻或戴久的钻石时，可能会出现异常，需借助其他方法验证。

(3)在检测时，探针应尽可能垂直宝石表面。探头不能接触金属托，否则会发出报警声。

(4)热导仪的探头非常精细，在使用中要加倍小心，使用完毕后应立即盖上保护罩。

钻石热导仪能快速、准确地鉴别钻石及其除合成碳硅石外的仿制品，在钻石鉴定中非常方便实用。但它仅能作为一种辅助鉴定仪器，结果还需要其他方法的验证。

第十二节　克拉秤

克拉秤是称量宝石重量的仪器，是珠宝首饰行业、尤其是流通领域常用的计量器具。

一、结构

如图 4－12－1 所示。包括外盖、秤盘、液晶显示屏、测试砝码、开关键(ON/OFF)、归零键(TARE)、砝码校准键(CALIBRATION)、单位转换键(MODE)、锁定解除键等。

二、使用方法

(1)按锁定解除键，打开外盖。

(2)按 ON/OFF 键(开关键)，接通克拉秤电源，显示屏开始闪动。

(3)当“CALIB”闪动着出现时，把校准砝码放在秤盘上，以校准克拉秤(每次务必先校准后使用)。

(4)将待称量物品轻置于秤盘上称量。外盖盖上后读数。

(5)若要除去器皿的重量，则按 TARE 键(归零键)，显示屏上出现“0.00”，再把待测物品放在器皿上。此时只显示待测物品的净重。

(6)若要转换计量单位，按 MODE 键(单位转换键)。

(7)按 ON/OFF 键即可切断电源；具自动省电功能的，在克拉秤持续静止状态数分钟(该秤为 5min)后会自动切断电源。

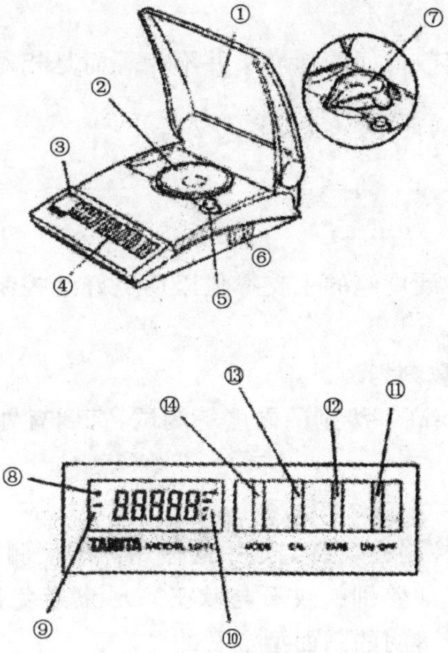

①外盖
②秤盘
③液晶显示屏
④按键
⑤测试砝码
⑥锁定解除键
⑦小计量杯
⑧稳定标志
⑨负数值记号
⑩现时计量单位
⑪ ON/OFF键（开/关键）
⑫ TARE键（归零键）
⑬ CALIBRATION键（砝码校准键）
⑭ MODE键（单位转换键）

图 4－12－1　克拉秤

(8)在不使用时，关上外盖直至锁上为止。

三、校准方法

(1)按 CAL 键(校准键)。
(2)显示屏闪现“CALIB”。
(3)将测试砝码置于秤盘上，克拉秤会自动校准。
(4)以下显示将会出现：
CALIB→End→20.000 0g→(所使用的重量单位)
(5)校准结束后，取下测试砝码，即可开始一般性称量。
每次开机后，均需按以上程序进行校准。

四、注意事项

(1)将秤置于平稳坚固的水平台面上使用，避免震动、光照、空气流动，以防影响计量的准确性。
(2)不许称量超过量程的物品，否则会损坏克拉秤。
(3)若温度瞬间变化超过 5℃，则最少需要等候 30min 后再开始使用。

第十三节　硬度测试法

确定宝石的硬度以助于对宝石的鉴定。宝石的硬度用摩氏硬度来表示。

一、摩氏硬度

摩氏硬度是一种表示物质硬度的尺度，其数值间的递增量并不相等而是相对的，如果某宝石的硬度为7，则能刻划硬度为7或更小的另一宝石。

二、使用方法

(1)选择宝石不显眼的部位。

(2)将硬度笔尖垂直放在待测面上。将持硬度笔的手支撑住以期更好地控制它。

(3)小心地在宝石上划一短道(2～4mm)。

(4)将被测表面擦净，用放大镜察看是否被刻划。

(5) 若无划痕，则宝石硬度大于该级别，换高一级别的硬度笔测试，直到有划痕为止。

三、注意事项

(1)硬度测试法因具有损害性，故应严格控制在宝石鉴定中的使用。硬度测试仪适用于宝石矿物原料或半透明到不透明的雕刻装饰石(如鉴别蛇纹石与软玉)；尽量避免使用于半透明至不透明的椭圆型宝石的鉴定，绝对不可用于透明的刻面型宝石的鉴定。

(2)若用力过大，任何硬度的样品都能被刻划。

(3)测试时应遵循先软后硬的顺序。

第十四节　大型仪器在宝石鉴定中应用简介

合成宝石、人造宝石及宝石优化处理技术的日新月异，使宝石鉴定难度日益增加。这就使得宝石学引进越来越多的新型、大型仪器用于宝石鉴定。图4-14-1所示为在宝石鉴定中发挥越来越重要作用的红外光谱仪。

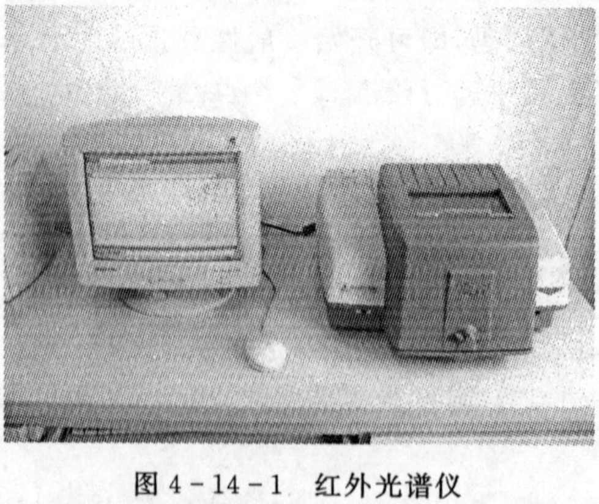

图4-14-1　红外光谱仪

目前用于宝石鉴定的大型仪器及用途见表4-2。

表 4-2 大型仪器在宝石鉴定中的应用

仪 器	应 用	优缺点
红外光谱仪	根据宝石红外吸收光谱特征,了解宝石成分,从而:①鉴别天然宝石,如矽线石、柱晶石和透辉石;②区别天然与合成宝石,如祖母绿;③检测经漂白充填处理的翡翠。	快速准确、无损测试宝石
X-射线衍射仪	测宝石内部结构,区分天然珍珠与有核养殖珍珠	X-射线对人体和某些宝石有伤害
X-射线荧光光谱仪	测宝石化学成分和含量,鉴别宝石品种;区分天然与合成红宝石;区分海水与淡水养珠	
电子探针	测宝石所含元素,特别是微量元素;测包裹体成分	仅限宝石表面微小区域
拉曼光谱仪	可测定距宝石表面 5mm 范围内的包裹体,鉴别天然与合成宝石	不与样品接触便可测试,不用制样
阴极发光仪	根据电子束轰击样品所产生的荧光颜色与图像,区分:①天然与合成钻石;②天然与合成紫晶;③天然与合成祖母绿;④天然与合成红宝石;⑤识别漂白充填处理的翡翠	快速、无损、制样简单

第十五节 宝石鉴定方法

很难规定一套适合任何宝石品种的测试程序鉴定宝石。但基本测试项目和步骤还是有规律可循的。一般情况下,宝石鉴定的第一步是总体观察;第二步,在总体观察的基础上,确定选择哪些常规测试仪器;最后,综合分析观察和仪器测试的结果,定出宝石品种名称。

一、总体观察

用肉眼并借助 10×放大镜和显微镜放大观察。观察内容可分为宝石外部特征和内部特征两方面。

1. 外部特征

归纳起来有颜色、透明度、光泽、色散、特殊光学效应、解理、断口、硬度、琢型宝石表面特征及加工质量等方面。

(1)颜色。首先注意光源,要用日光或与之等效的光,如白炽灯,光源强度要适中,光源强,颜色显浅;光源弱,颜色显深。例如,观察钻石要来自北面方向的光或不产生黄光的光源。观察时使光照射在样品表面,用反射光观察宝石的颜色;样品最好有白色背景。对颜色的观察和描述有以下三个内容:

①色彩:用日光组成红、橙、黄、绿、青、蓝、紫和黑、灰、白等色描述,一般还借用矿物学中的二名法来描述宝石的颜色。二名法是用两种色彩来描述宝石的颜色。例如黄绿色,其中绿是主色,黄是叠加在绿色之上的次要色彩。②色调:用深、浅或暗、淡来描述色彩。③色形:颜色的形状。例如孔雀石中绿色呈条带状分布;碧的颜色环带;染色石英岩中颜色沿粒间呈网状分布等。

(2)透明度。宝石透明度一般分透明、半透明和不透明三个等级描述。

(3)光泽。观察宝石光泽,需选择光滑平面,光泽种类很多,宝石以玻璃光泽为主,其中最强的是金刚光泽。

(4)色散。具强色散(色散大于0.030)的宝石,按正确比例琢磨会显示五颜六色的火彩。浅色宝石火彩明显;深色宝石火彩往往被体色掩盖。可显示强火彩的宝石有合成金红石(色散0.30)、钻石(色散0.044)、锆石(色散0.039)、合成立方氧化锆(色散0.060)等。

(5)特殊光学效应。具特殊光学效应的宝石,其特殊光学效应的特征可以作为宝石鉴定的依据。例如,红宝石、蓝宝石、石榴石和辉石都可具星光,红宝石和蓝宝石一般为六射星光,而石榴子石、辉石为四射星光。天然宝石中的特殊光学效应往往不如合成宝石的明显。

(6)解理。是出现在宝石单晶体中的一个特性。发育有解理的宝石有:钻石、托帕石、长石和辉石。如月光石中的“蜈蚣”、钻石中的“胡须”等。

(7)硬度。硬度测试是有损鉴定,一般不采用。

(8)琢型宝石其他表面特征。它包括宝石生长纹(如珍珠表面“等高线”纹),色带、残留的晶面或蚀象(如钻石腰棱上出现的);拼合石的拼合面与表面的交线;覆膜处理宝石的涂层、镀膜、贴箔特征;玻璃、塑料等人造宝石的模制印痕和冷却凹面等,对鉴别宝石都有一定意义。

(9)琢型宝石加工质量。一般说贵重的宝石加工质量应该是上乘的,即宝石总体轮廓对称、规则;刻面对称、平整;刻面上的抛光痕少或无;刻面棱平直,三条棱交于一点。

2. 内部特征

宝石的内部特征,除在外部特征中提到的生长纹、双晶纹、色带、解理等以外,主要是指宝石内部含的包裹体。

包裹体由固体、液体、气体物质组成。它们在宝石中可以是:

(1)单相的。固、液、气各自独立存在。

(2)二相的。一般是液体中含气泡。

(3)三相的。液体中含固体和气泡。

从包裹体与宝石形成时间的相对早晚看,包裹体又可分为:

(1)原生的。包裹体比宝石形成早,这类包裹体一定是固相的。

(2)同生的。包裹体与宝石同时形成。单相的、二相的、三相的都有。

(3)后生的。宝石形成后产生的。如充填于欧泊或玛瑙裂隙中的铁锰氧化物,常呈树枝状,它们往往是含铁、锰的地下水渗入到欧泊或玛瑙的细裂隙中沉淀形成的。

原生和同生的包裹体对鉴别宝石品种,特别是鉴别天然与合成宝石有重要意义。包裹体还可以指示宝石产地。

二、仪器测试

1. 测宝石折射率和双折率

折射仪是测试宝石折射率非常重要的仪器。在总体观察基础上,估计样品折射率小于1.78时,首先使用折射仪获取样品的折射率和双折率。

某些具高双折率的宝石借助10×放大镜或显微镜观察“双影”现象,可了解宝石为各向异性和估计双折率的大小,锆石(0.059)、橄榄石(0.035~0.038)、透辉石(0.024~0.030)等。“双影”明显的程度和双折率的大小与样品大小都有关系。

2. 测宝石光性

宝石光性多数情况可根据折射仪阴影边界移动特点确定。然后用偏光镜或二色镜加以证实。折射仪有局限性，某些宝石需要由偏光镜和二色镜来测定光性。

3. 用分光镜观察光谱

分光镜测定宝石的吸收光谱，判断宝石的致色元素，对鉴别宝石、诊断宝石是否经过染色很有意义。

4. 测相对密度

若备有电子天平则用静水称重法，可获相对密度的具体数值，相对密度值对鉴别宝石品种很有意义。而用重液法测试宝石相对密度则较方便快捷。

5. 其他测试

包括用查尔斯滤色镜、紫外荧光灯、热导仪以及用某些化学试剂等。

三、定名

首先根据总体观察特征、鉴定表上记录的折射率（及双折率）、相对密度等数据，判断相应的宝石种名；然后再参照偏光镜、二色镜、分光镜等测试结果，从几种宝石中筛选出待检样品的名称。

定名时必须注意：

(1)一定要有3～4个依据互相验证支持，如仅有折射率和密度往往还是不够的。

(2)所获测试结果有矛盾者，或与某些特征有出入时，必须查明原因，或再重新测试验证。

一般情况下经总体观察和各项仪器测试，鉴别宝石、定出宝石名并不困难。目前鉴定的难点在于天然与合成宝石的鉴别（尤其是熔剂法、水热法合成的红宝石、祖母绿以及合成钻石等与天然的十分相似）；某些优化处理的宝石（如漂白充填处理的翡翠）的判定。当常规测试不能解决时，可选择大型仪器测试。

第五章　常见珠宝玉石各论

第一节　钻石(Diamond)

钻石以其晶莹剔透、璀璨夺目和坚硬无比的优秀品质被人们视作世界上最珍贵的宝石，被誉为“宝石之王”。

钻石的记载充满了神秘、传奇、浪漫的色彩，有人相信钻石是星星坠落的碎片，有人说钻石是天神的眼泪在地上的结晶，也有人认为爱神丘比特的箭尖是钻石做的，因此才具有征服爱的神奇力量。

钻石的矿物学名称叫金刚石。金刚在佛教中是佛的侍从力士，力大无比，无所不能，寓意钻石的坚不可摧。钻石的英文为“diamond”，源于古希腊文的“adamas”，意思是不可征服，有“坚固无敌”之意。事实上，它不仅硬度大，而且光泽强，加工后不易磨损，具有很强的色散和亮度，因而钻石艳丽夺目，光彩照人。

伴随钻石的不仅仅是神话般的传说和具有宗教色彩的崇拜和畏惧，同时还被视为情感、勇敢、权力、地位和尊贵的象征。

在欧洲，早在15世纪初，交换钻戒已经成为订婚时的一种礼仪，它象征永恒的爱和不变的承诺。直到今天，这项传统仍然深深地吸引着每一对新人。

如今，钻石已不再是那么神秘莫测，更不是只有皇室贵族才能享用的珍品。它已成为寻常百姓都可拥有、佩戴的大众饰品。钻石的文化源远流长，今天人们更多地把它看成是情感和忠贞的象征。“钻石恒久远，一颗永留传”，一句耳熟能详的广告语，已使钻石走入了寻常百姓人家。

一般地说，宝石级金刚石经加工成各种款式后称为钻石，有时也将宝石级未加工的金刚石称为钻石。

一、钻石的基本特征

1. 化学成分

钻石化学成分为碳(C)。可含有N、B、H等微量元素。

2. 颜色与光泽

钻石的颜色范围很广，从完全无色至黄色、褐色、蓝色、紫色、粉红色。完全无色的钻石极为罕见，通常见到的钻石多是近无色或略带黄色。

具体可分为白色系列和彩色系列。

白色系列包括无色至浅黄、浅褐色。

彩色系列包括深黄、褐、蓝、绿、粉红、红、紫红色等。

钻石具典型的金刚光泽，钻石表面特有的光泽，使有经验的人可在众多无色宝石(如水晶)中凭光泽将其识别出来。

3. 色散

钻石的色散强，色散值为0.044，色散值为天然无色宝石中最高的。自然光照射在钻石刻面上会分解产生光谱色，像彩虹一样光芒闪烁，耀眼迷人，俗称“火彩”。钻石表面的“火彩”为柔和的以橙色、蓝色为主的光芒。而合成立方氧化锆等人工宝石色散高于钻石，表面色散光会过于生硬、艳丽。其他仿制品(如水晶等)则色散低，表面很少出现彩色光芒，相比之下会显得了无生气。

4. 硬度、相对密度、折射率

钻石的摩氏硬度为10，是已知所有矿物中最坚硬的一种。因此成品钻石抛光面永远光亮如镜，其棱角也笔直锐利，并散发出迷人的光彩。其腰围若不抛光，会有粗糙的如糖砂状的糙面或原始晶面，具蜡状光泽。其他仿制品则棱角较圆滑。钻石的相对密度为3.52，折射率为2.417。

5. 解理

钻石解理较发育，具八面体完全解理。在粗磨过程中如果用力过猛，会在腰围沿解理面产生裂纹并向钻石内部延伸，如果有许多这样的解理纹出现，其外观像胡须，称为“须状腰”；有时可见“V”形切口，切口的面(解理面)是平直的。而钻石仿制品即使有切口，也往往趋向与形成贝壳状断口面。

6. 发光性

大约有一半的钻石在紫外光下呈蓝白色、绿色、黄色、橙色和红色等荧光，以蓝白色荧光最为常见。有些呈惰性不发光。

7. 吸收光谱

无色—黄褐色系列的钻石415.5nm处有吸收线。

8. 化学性质

耐酸耐碱，化学性质稳定。熔点高，在纯氧中加热至1 770℃时分解，在真空中加热到1 700℃会变成石墨。

9. 放大检查

钻石中常含有不同颜色的矿物晶体、云状包裹体、点状包裹体、羽状纹、生长纹。

10. 透视试验

将标准圆钻型切工的宝石台面向下，放在一张有线条或有字的白纸上，透过宝石观察纸上的字或线。若为钻石，光线不能通过亭部刻面，因此透过钻石看不到纸上的图形，而大部分仿制品的折射率不同，透出的图形也不一样。

11、亲油试验

钻石有强烈的亲油性，当用一支钻石笔或圆珠笔在钻石的台面划一下，则会留下一条不间断直线，而其他仿制品不具有亲油性，划过的地方墨水聚集成断续的点线。由于钻石的亲油性，钻石表面很容易沾油，所以销售中营业员应避免用手直接接触钻石；佩带者最好也不要带着钻石下厨房洗餐具等。

12. 热导性

钻石具有高热导率，商用简易热导仪可以利用热导率鉴别钻石及除合成碳硅石（莫桑石）外其他代用品。将钻石置于热导仪探头下，仪器设定的指示钻石的红灯会闪光，蜂鸣器同时会发出相应的叫声，这是一种最简便快速又较为准确的检测方法，尤其对于群镶碎钻的鉴定意义最大。

二、钻石品级的评价

钻石质量的好坏与它本身的性质有关，也与加工质量有关。钻石的评定通常以 4C 为标准，即钻石的颜色（Colour）、净度（Clarity）、切工（ Cut）和克拉重量（Carat）。

不同国家和地区都有着自己的分级系统，美国珠宝学院（GIA）和国际珠宝联盟（CIBJO）提出的分类系统得到了普遍承认。我国现行的是国家标准《钻石分级》（GB/T16554－2003）。

1. 颜色

虽然大多数钻石粗看起来都是无色的，但是，由于钻石系在地球深部、高温高压下结晶而成的，所以钻石中常常含有一些其他的微量元素，从而使钻石具有不同程度、不同色调的颜色。

通常见到的钻石都是近无色或略带点黄色，称开普系列。这类钻石的颜色是由于钻石中含有微量的氮元素。对开普系列钻石的进一步分级，就是将未知钻石与一系列标准钻石进行比较，从而定出其色级。

钻石的颜色级别是与一套颗粒大小相同、且颜色已标定的标准钻石比较而确定的。按我国现行国家标准，对无色—微黄系列的钻石，共分 D、E、F、G、H、I、J、K、L、M、N、<N 的 12 个级别，也可用数字表示，详见表 5－1。

准确的颜色级别须在实验室条件下才能确定。颜色分级在无阳光直射的室内环境中进行，分级环境色调为白色或灰色。分级时采用专用的比色灯，并以比色板或比色纸为背景。从事颜色分级的技术人员应受过专门技能培训，掌握正确的操作方法。由 2～3 名技术人员独立完成同一样品的颜色分级，并取得统一结果。

一般来讲，D 色钻石给人清澈、透亮如冰的感觉，有时甚至可有一些蓝滢滢的色彩；而 E、F 两色的钻石仅给人如冰的感觉，但已无 D 色的透彻之感。G、H、I、J 色钻石从冠部观察，一般给人无色的感觉，而从亭部观察时已可感到稍带浅黄色；K、L、M 色钻石，不论从冠部还是从亭部都能看到淡淡的黄色；N 级以后的钻石可感到明显的黄色。

镶嵌钻石颜色采用比色法分级，分为 7 个等级，与未镶嵌钻石颜色级别的对应关系详见表 5－1。

表 5－1　镶嵌钻石颜色等级对照表

镶嵌钻石颜色等级	D—E		F—G		H	I—J		K—L		M—N		<N
对应的未镶嵌钻石颜色级别	D	E	F	G	H	I	J	K	L	M	N	<N
	100	99	98	97	96	95	94	93	92	91	90	<90

镶嵌钻石颜色分级应考虑金属托对钻石颜色的影响，注意加以修正。

钻石的颜色对其价格影响很大，因此，颜色的确定要求极严。

颜色越白的钻石，越为稀罕、珍贵。天然钻石绝大多数都会有一点颜色，但 K 级及其以上的钻石镶嵌在铂金上看不出带有黄色调。消费者应结合自己的预算作出购买决定，不必一味追求高的级别。对于普通消费者色泽上下一两级的钻石，比如 I 级和 J 级的两颗钻石，在一般的日光和照明灯光下，它们相差无几。

其实，钻石不同的色泽可以带给不同风格的消费者以更大的选择余地。世界上很多国家的消费者都是在各个色泽级别中，选择适合自己偏好或品位的钻石。

比如，风情独具，有着浪漫传统的欧洲消费者，尤其偏爱略黄的钻石，配合精湛的首饰设计，使钻石作为个人魅力的代言人。很难说一颗颜色级别为 I 的钻石就一定比颜色级别为 J 的钻石更美丽，还要看其余的 3 个 C，即钻石的切工、净度和克拉重量。所以，你大可以在各种色泽级别的钻石中，选择你认为是美丽的一颗。

同时，一些稀有的绿色、粉红色、蓝色等彩色钻石，称为彩钻系列（又称为花色钻石），彩色钻石颜色色质越纯、饱和度越高越贵重。过去，彩色钻石稀少而昂贵，自从在西澳大利亚找到了许多红色和玫瑰色钻石，大大地丰富了世界彩钻市场。对彩色钻石，要注意区分天然致色和人工致色的钻石，一般无色系列的深色钻石通过辐射处理使其变为彩色钻石，而两者的价格相差极为悬殊。彩色钻石因其更为罕见，而深得收藏家的青睐，使其身价倍增。

2. 净度

净度指在 10 倍放大镜下，钻石的内部和外部特征，包括包裹体、云状物、生长纹、羽状纹、原始晶面、抛光纹等。

按国家标准，净度可分为以下几个级别：

(1)LC 级　指在 10 倍放大镜下，未见钻石内部和外部特征。表面或许有一点点特征，但重新抛光即可去除。市场中镶嵌钻石较少见到此级别。

(2)VVS 级　指在 10 倍放大镜下，可见到极微小的内、外部特征。VVS_1 和 VVS_2 的区别是后者有极微小的绵状点或小毛茬等。两者区别极小，在交易中常常忽略不计。

(3)VS 级　指在 10 倍放大镜下，可见细小的内、外部特征。VS_1 和 VS_2 的区别在于后者 10 倍放大镜下比较容易观察。

(4)SI 级　指在 10 倍放大镜下，具明显的内、外部特征，肉眼看不见，对钻石的透明度和美观等无明显影响。SI_1 和 SI_2 的区别在于后者 10 倍放大镜下很容易观察。

(5)P 级　从冠部观察，肉眼可见内、外部特征，个别有明显的解理和裂隙，或多或少影响钻石的美观，严重地影响钻石的耐久性。

不同国家和地区分级系统的钻石净度等级对照见表 5－2。

镶嵌钻石通常只能从冠部观察它的净度特征，钻石边缘部位的内、外部特征有可能被金属托架所掩盖，因此镶嵌钻石的净度只分 LC、VVS、VS、SI、P 五个大级，每个大级不再细分小级。

对于质量低于(不含)0.094 0g (0.47ct)的钻石，净度级别也不再细分小级，只划分为五个大级。

几乎所有天然钻石都含有一些微小的内含物。这些内含物在几十亿年前钻石形成时就已存在。然而也有一些极为罕见的钻石被认为是无瑕疵的，它们极为珍贵。在戴比尔斯中央统售机构，钻石毛坯被分为 14 000 个级别，这种多样性意味着每一颗钻石都独一无二，与众不同。在大多数情况下，这些天然内含物用肉眼是观察不到的，也不影响钻石的璀璨、美丽。但是，必须记住，价值是钻石稀有性的体现，这些内含物赋予每颗钻石独一无二的特性，这才是顾客想要的。

表 5-2　钻石净度等级系统对照表

GIA 美国珠宝学院	GIBJO/IDC 国际珠宝联盟/国际钻石委员会	中国国家钻石分级标准
无瑕 FL	无瑕 LC	LC
内无瑕 IF		
一级极轻微瑕 VVS_1	极微瑕 VVS_1	VVS_1
二级极轻微瑕 VVS_2	极微瑕 VVS_2	VVS_2
一级轻微瑕 VS_1	微瑕 VS_1	VS_1
二级轻微瑕 VS_2	微瑕 VS_2	VS_2
一级微瑕 SI_1	小瑕 SI_1	SI_1
二级微瑕 SI_2	小瑕 SI_2	SI_2
一级小瑕 I_1	一号花 PⅠ	P_1
二级小瑕 I_2	二号花 PⅡ	P_2
三级小瑕 I_3	三号花 PⅢ	P_3

3. 切工

钻石几乎总是加工成刻面型宝石。加工质量的好坏，对于琢磨成形后钻石的尺寸、刻面的规则性、腰棱的宽度、底面和外部的瑕疵，都在应考虑之列。用比率和修饰度加以分级，分为很好、好、一般三个级别。

钻石常琢磨成圆多面型，它是根据全内反射原理设计的。好的切工切磨出来的钻石，光线会从一个刻面反射到另一个刻面，然后从钻石顶部散发出五彩缤纷的火彩。

有经验的可以凭经验，用肉眼估测钻石的切工质量。

具体观察时，将钻石台面向上，并转动钻石，观察钻石表面的亮度及火彩。一般来说，切工比例好的钻石表面明亮，火彩适中，光芒耀眼。当切工比例不太好时，如同样克拉的两粒钻石，台面过大的会显得“个儿大”，但火彩会减弱，钻石看上去呆板无生气；面过小的火彩强烈，当转动钻石时，五颜六色的光芒十分明显，钻石看上去会显得较小。

另外，在判断切工时，还需观察钻石的亭部比率，具体观察时将钻石台面朝上，并上下摆动，当钻石比率合适时，钻石整个亭部应该是比较明亮的，当切工比率很差时会出现“黑底”及“鱼眼”。当钻石亭部过浅时，钻石会漏光，在靠近腰围处形成一圈白色环带似鱼眼；当钻石亭部过深时，钻石也会漏光，在钻石台面范围内形成一个灰黑色的阴影，即“黑底”。

目前，我国珠宝市场上销售的钻石在行业内通常将其切工俗称为三种：比利时切工、以色列切工、印度切工。

一般来说，印度切工腰围较厚，整体外形的对称度相对较低，加工较粗糙。比利时切工整体比例适中，腰厚一般在1%～5%左右，钻石的火彩、亮光等均较合适。以色列切工介于上述两者之间。

其实确定钻石的切工，不能以地名（加工地）来判断，而应对钻石的切工比率、修饰度进行测量，才能准确对钻石的切工进行评价。

切工的比例测算是一件复杂的工作，有很多的测算方法，一般是在钻石比例仪上测定的。

镶嵌钻石的切工测量仅强调台宽比和亭深比两项，具体的测量需在实验室中完成。

对于满足切工测量及镶嵌钻石，采用10倍放大镜目测法或仪器测量法，测量台宽比、亭深比等比率要素，并对影响修饰度的要素加以描述。

目前世界上最主要的钻石切磨中心有：比利时的安特卫普，以色列的特拉维夫，美国的纽约，印度的孟买，泰国的曼谷。

安特卫普有“世界钻石之都”的美誉，全世界钻石交易有一半左右在这里完成，“安特卫普切工”是完美切工的代名词，由于劳动力较昂贵，多加工较大的毛坯。特拉维夫现已成为优良切割和花式切割钻石的主要基地。纽约曼哈顿由于寸土寸金，劳动力昂贵，一般只加工2克拉以上的钻石。印度总体来说以加工小钻为主，近几年钻石加工业得到迅速的发展，但相对而言，“印度切工”钻石的切工不及其他。20世纪80年代发展起来的曼谷钻石加工业以加工1～10分的小钻为主，由于其为彩色宝石及首饰加工制作和贸易中心，未来几年它将可能成为20分以下成品钻的加工交易中心。

4. 质量

钻石的质量单位为克(g)。钻石贸易中仍可用“克拉(ct)”作质量单位。表示方法为0.200 0g(1.00ct)。

$$1.00ct=0.200\ 0g=100分$$

钻石的质量越大，其每克拉单价越高。质量用准确度是0.000 1g的天平称量。质量数值保留至小数点后第4位。换算为克拉值时，保留至小数点后第2位。克拉值小数点后第3位逢9进1，其他忽略不计。

对已镶嵌的钻石，如果切割比例标准，也可进行质量估算。不同形状的钻石有不同的质量估算公式。例如：

$$圆多面型质量=腰棱平均直径^2\times深度\times0.006\ 1$$

深度指顶刻面至底尖的距离，一般为腰棱直径的60%。

商业上，钻石价格在克拉上有确定的台阶，如0.99ct的钻石每克拉价格要比1.01ct的钻石便宜很多。

三、钻石的鉴别

尽管有许多天然宝石、合成宝石及人造产品用以模仿钻石，但由于钻石的高折射和高色散使有经验者较容易区别真伪。外观上类似的宝石有无色锆石、无色蓝宝石、合成尖晶石、合成金红石、钛酸锶、钆镓榴石、钇铝榴石、合成立方氧化锆和合成碳硅石等。

合成尖晶石和无色蓝宝石由于色散值太小而无钻石的火彩，无色锆石和合成碳硅石可见由双折射现象造成的后刻面重影。其他大多数人造宝石在克列里奇生重液(SG4.2)中下沉，而天然钻石上浮。宝石的表面腰棱强烈磨损指示宝石硬度较小。钻石及相似宝石是可以据其特性加以区别的。

1970年，宝石级合成钻石由美国通用电气公司研制成功。据报道，1985年，日本开始批量生产并投放市场。合成钻石的鉴别特征是淡褐色或淡棕色，晶体中往往可见晶核，颜色不均匀，常含金属片，颗粒常在3.8mm，紫外线照射下呈绿色荧光。

在实际钻石测试中，特别是对于已镶嵌的钻石，常用热导仪进行真伪鉴别，这是基于钻石有良好的热传导能力而设计的。但测试时应注意金属镶嵌底座的热导率可能与钻石相近，故易引起误报。

特别值得注意的是，1997 年，美国 C3 公司生产出的合成碳硅石（又称莫桑石 synthetic moissanite）作为钻石的代用品，用热导仪测试呈“钻石反应”，很有欺骗性。而有经验的鉴定人员是完全能够对其进行鉴别的。美国、新加坡等地已有机构开发出检测合成碳硅石的专用仪器。

四、钻石的产地

据记载，印度是世界上最早发现钻石的地方。以后在巴西、南非、西伯利亚、澳大利亚和世界许多地区都找到了重要的金刚石矿。

钻石的地质产状有三种类型：金伯利岩型、钾镁煌斑岩型和砂矿型。

1. 金伯利岩型

世界上绝大多数原生金刚石矿床属金伯利岩型。一般认为金刚石在 5～7 万个大气压、1 200～1 800℃的自然条件下，形成于地壳深部。世界上最大的钻石——库里南钻石就发现于此。

我国辽宁的瓦房店等地，是典型的金伯利岩型金刚石的产地。

2. 钾镁煌斑岩型

这是金刚石另一种产出类型。它是 1979 年在澳大利亚的金伯利地区发现的。

西澳大利亚的煌斑岩岩管不仅为寻找新的金刚石资源提供了基础资料，而且是红钻的重要产地。

3. 砂矿型

金刚石砂矿是世界上金刚石的主要来源。世界各国砂矿中金刚石储量占世界金刚石总储量的 40%，但占总产量的 60%，外生砂矿不仅开采方便，降低了成本，而且为寻找原生矿提供了线索。

目前世界有 20 多个国家和地区在进行钻石开采，以价值计，依次为博茨瓦纳、俄罗斯、安哥拉、南非、纳米比亚、扎伊尔、澳大利亚。

当今，澳大利亚已成为宝石级金刚石的重要产地，年产量占世界首位。特别是西澳大利亚的彩色钻石，大大地丰富了世界钻石宝库。

在未来几年内，加拿大钻石的产量将会不断上升。

我国古书记载钻石来自“天竺”（印度），相传湖南早在明朝已发现钻石。湖南沅江、贵州东部、山东蒙阴、辽东半岛都找到了钻石矿。辽宁南部的瓦房店原生金刚石矿，储量较大，质量也较好，宝石级金刚石产量较高。

五、钻石典故

钻石是最珍贵的宝石，它的透明代表纯洁无瑕，超高的硬度代表信心坚定不移。钻石作为订婚和结婚的一种信物深得人们喜爱，而成为最受欢迎的宝石。人们还将结婚 60 周年或 75 周年称为钻石婚。钻石也被作为四月的生辰石。

库利南是世界上已知最大的钻石，于 1905 年在南非发现。原石重 3 106ct，磨制了 8 个月时间，它被分割加工成4颗大钻和101颗小钻。库利南Ⅰ号也称“非洲之星”，重530.2ct，磨出74个面成水滴形，镶嵌在英国国王的权杖上。库利南Ⅱ号重317.4ct，镶嵌在英国国王的王冠。库利南Ⅲ号重95ct，现在英国女王后冠的尖顶。库利南Ⅳ号重63.7ct，镶在英国女王后冠边缘。切割后共重1 064ct，其余的均在切磨中耗尽。

世界第二大钻石“高贵无比”（“更好”）是1893年在南非发现的，原石重995.2ct。第三大钻石原重968.8ct，1972年在塞拉利昂发现，称为塞拉利昂之星，也称“狮子山之星”，价值1 170万美元，现在还陈列在塞拉利昂自由国立博物馆。

具有鲜艳深蓝色的希望钻石，重45.2ct，是最著名的有色钻石。它的历史像迷雾一般，充满着奇特和悲惨的经历。过去它所有的主人都遭遇了不幸，最后一位美国著名的珠宝商温斯顿将它捐赠给美国华盛顿的史密森博物馆。

据记载，我国1963年于山东沂沭河畔发现的钻石重218.65ct，晶莹无瑕，色泽金黄，取名“金鸡”。可是在二次世界大战时，被侵华日军抢走，至今下落不明。

我国现存的最大钻石是“常林钻石”，它是1977年12月在山东临沭县芨山公社常林村发现的。钻石淡黄色，重158.786ct。1981年8月发现的“陈埠一号”重124.27ct；1983年11月发现的“蒙山一号”重119.01ct。

六、钻石与戴比尔斯(DEBEERS)

“钻石恒久远，一颗永留传”，这句广告语使钻石走入千家万户的同时，也使戴比尔斯成为钻石的代言词。

戴比尔斯逾百年来一直在钻石业占着举足轻重的地位。今天，戴比尔斯的业务涉及“钻石供应线”的各个范畴，从找矿勘探、开采、切割、打磨、设计，以至最终到达消费者手中的过程。

戴比尔斯是全球最大的钻石矿业公司，集团属下位于南非的钻矿及与博茨瓦纳、纳米比亚和坦桑尼亚政府合作，在当地开采的钻矿所生产的宝石级钻石，以价值计约占全球总产值的一半。目前，该公司在非洲南部参与19个钻矿的开采工作，包括了目前所有的钻矿类型：露天开采矿、地下开采矿、河流砂矿、滨海砂矿以及海底开采砂矿等。

从这些钻矿及其他主要钻石产地所开采的全球大部分宝石级的钻石，都经由戴比尔斯集团的下属公司和市场营销机构——DTC来分选、评价和销售。

DTC钻石推广中心和咨询中心运用广告、设计比赛及推广活动等，在钻饰市场中发挥着巨大的影响。

DTC钻石推广中心历年来策划多种推广项目，结合国际潮流，借助钻石神秘独特的天然魅力，在动感和和谐中体现钻石饰品的完美，推出“本色系列”、“惹火系列”、“结婚钻戒系列”等极具潮流时尚的活动，掀起一轮又一轮的钻石潮流风暴。DTC钻石推广中心推出ring hand rings和three－stones diamond jewelry，即“牵手戒”和“三石戒”，使钻石再次成为崭新视觉焦点。

DTC钻石咨询中心则每年都会通过举办不同类型的国际性钻饰设计比赛，如“今日钻饰”、“国际钻饰设计比赛”、“公主方钻设计比赛”等，以提高珠宝设计的创作意念。此外，也举办了不少成功的大型展览，以钻石配上名媛淑女，加上现场营造的独特气氛，向世人显示出钻石的炫目辉煌，推动钻石市场的持续发展。

第二节　红宝石(Ruby)和蓝宝石(Sapphire)

红宝石和蓝宝石是著名的珍贵宝石，由于硬度仅次于钻石，且颜色瑰丽，而深得人们的喜爱。红宝石、蓝宝石、钻石、祖母绿一起被称为世界四大珍贵宝石。红宝石是七月生辰石，也是结婚40周年的纪念石。据说佩戴红宝石可以使人不受伤害，使人健康、长寿、发财致富、聪明智慧、爱情美满幸福。蓝宝石则是九月的生辰石、结婚45周年的纪念石。很久以来，蓝宝石被看作坚贞和忠诚的象征，佩戴蓝宝石可使人免受伤害和妒忌。

红宝石和蓝宝石是刚玉矿物的两个不同的宝石种，红宝石因红色而得名，蓝宝石据蓝色而命名。实际上，除红宝石和蓝宝石外。刚玉还有许多其他颜色，而其他不同颜色的宝石级刚玉也统称为蓝宝石，如黄色蓝宝石、绿色蓝宝石和无色蓝宝石等。红宝石和蓝宝石在声望上仅次于钻石，因为同属一族，故有“姊妹宝石”之称。

一、红宝石、蓝宝石的基本特征

(1)化学成分：氧化铝(Al_2O_3)。纯净时为无色，含铬(Cr)元素时呈红色，含铁(Fe)和钛(Ti)时呈蓝色，还含有Ni、V、Co、Mn等其他微量元素。矿物名称：刚玉。

(2)颜色：无色、各种红色色调(鲜红、纯红、血红、紫红)和各种蓝色色调(蓝、天蓝、蓝绿)以及绿、黄、粉、褐色等。

(3)摩氏硬度：9，随产地不同略有变化。仅次于钻石，成品宝石表面可磨得很光滑，棱角分明。

(4)相对密度：4.00±。在同等大小宝石中，显得较重。

(5)光泽：玻璃光泽至亚金刚光泽。

(6)透明度：透明至半透明。

(7)折射率：1.762～1.770。

(8)双折射率：0.008～0.010。

(9)多色性：明显。转动红宝石或蓝宝石时，常可感到颜色的变化，用二色镜观察时，可以清楚地看到窗口处的两种颜色。

(10)吸收光谱：红宝石通常呈Cr特征吸收谱；蓝宝石通常可见Fe特征吸收谱。

(11)放大检查：红、蓝宝石中包裹体较多，主要为色带、指纹状气液包裹体、生长纹、双晶纹和一些浅至深色的固态包裹体。部分红宝石表面可看到一些乳白色的丝光，这是由细小的针状包裹体对光的作用形成的。

(12)发光性：红宝石在紫外光下有明显的红色荧光。强太阳光下，红宝石的颜色会更明亮艳丽。蓝宝石大多数无荧光。

(13)特殊光学效应：红宝石和蓝宝石均可显示星光效应，一般为六射星光，十二射星光少见。部分蓝宝石有变色效应。发育完好的星光可使宝石价值倍增。

(14)解理：不发育。常发育细小的裂理。

二、红宝石、蓝宝石的评价

红宝石、蓝宝石没有钻石那么详细的等级标准，质量分级评价也比钻石复杂困难。目前国际上没有一个统一的标准，一般来说，可分为颜色、透明度、净度、切工和质量的评价，颜色质量在整个宝石价值中占重要地位。

1. 颜色

宝石的色彩有着颜色色调、饱和度和色彩亮度的差异，也存在着色彩分布的均匀程度和多色程度的差别。

红宝石颜色色调优劣依次为：纯红、橙红、暗红、粉（紫）红，以纯正的光谱红色为上品；蓝宝石颜色色调优劣依次为：纯蓝、紫蓝、乳蓝、墨蓝、绿蓝，以纯正的光谱蓝色为上品。它们随着褐色、黄色、灰色等杂色的不断加入，颜色质量将明显下降。

优质的红宝石应该是纯正的红色，色浓而鲜艳，色调均匀，无明显色带，垂直台面观察无多色性。如颜色呈纯正的鲜而浓的红色称为“鸽血红”，就是上品，它多产于缅甸。

优质的蓝宝石应该是纯正的蓝色，色浓而鲜艳，色调均匀，无明显色带，垂直台面观察无多色性。如产于克什米尔地区的“矢车菊”蓝宝石，它呈一种朦胧的略带紫色色调的浓重的蓝色，给人以一种天鹅绒般的感觉，是蓝宝石中的极品。

事实上，颜色的评价也是对净度和切工质量的综合反映。红、蓝宝石的颜色质量好坏，不仅和表面的反射和透射作用有关，也和它的内反射作用有关。内反射可使宝石产生闪烁感，增加宝石的光亮度，还可以增加宝石的浓度和鲜艳感。

2. 透明度

刻面宝石和星光宝石的评价标准不同，除星光宝石外，宝石的透明程度是除颜色之外非常重要的因素，透明者为上品，其价值也很高。

3. 净度

洁净度对于刻面宝石尤为重要，严重的内含物可能失去其宝石价值。高质量的红、蓝宝石的内含物应相对较少且不显眼，无明显裂隙，不影响宝石的透明度，刻面宝石表现出一定的内反射作用。

4. 切工和质量

高质量的红、蓝宝石应切工比例合适，对称性好，表面抛光平整。同品质的红、蓝宝石其质量越大，价值越高。

透明的宝石常切成刻面款式，而极深色和不透明的星光宝石常切成素面款式。对星光宝石以星线清晰、星光交点尽可能接近宝石中心为佳。

三、红、蓝宝石的鉴别

与红、蓝宝石相似的宝石很多，利用宝石的各项物理性质的测定，如颜色、折射率、双折射率、吸收光谱、相对密度、多色性和发光性、内部特征等即可容易地将它们区分开。

1. 红宝石与天然相似宝石的鉴别

（1）红色尖晶石。红色尖晶石颜色均一，一般无色带；无二色性，在偏光镜下无四明四暗现象；内部可含有八面体负晶，无丝绢状包裹体。

（2）镁铝榴石。红色的镁铝榴石颜色均一；无荧光反应；在强光下颜色中的褐色成分增多，色级降低；无二色性；内部可见两组近于垂直的针状包裹体。

(3)粉红色碧玺。碧玺颜色呈粉红色-玫瑰红色，无正红色；多色性比红宝石明显，转动碧玺时可感到较明显的颜色变化；10×放大镜下宝石后刻面重影明显；具有较强的吸附作用，与红色宝石久置一处，则碧玺表面的灰尘最多。

2. 蓝宝石与天然相似宝石的鉴别

(1)蓝色尖晶石。蓝色尖晶石颜色均一，微带灰的色调；没有二色性；晶体中有较多气液包裹体和八面体小尖晶石包裹体群。

(2)蓝色碧玺。蓝色碧玺多呈带绿的蓝色色调；二色性极明显；内部含有较多的裂纹和空管状气液包裹体。

应该说合成红宝石、合成蓝宝石它们在硬度、相对密度、折射率、双折射率和吸收光谱上都与天然宝石相近。区分它们相对比较困难，通常主要是根据内含物的差异来区别。

四、红、蓝宝石的产地

缅甸抹谷、原苏联的帕米尔地区、坦桑尼亚、澳大利亚、泰国、柬埔寨、越南等地均产宝石级红宝石。

印度克什米尔地区、斯里兰卡、澳大利亚、美国、泰国、柬埔寨、老挝、越南等地均产宝石级的蓝宝石。

缅甸抹谷曾是世界最主要的优质红宝石产地，著名的鸽血红宝石就是产于该地。随着缅甸红宝石产量的下降，泰国成为世界重要的红宝石产区，占世界产量的70%。蓝宝石中的极品“矢车菊”蓝宝石产于印度克什米尔地区。缅甸、斯里兰卡还产有星光红、蓝宝石。

红、蓝宝石的珍藏品很多。缅甸产的“亚洲之星”蓝色星光蓝宝石重330ct，令人注目的深紫色“午夜”星光蓝宝石重116.75ct。红宝石比蓝宝石小得多，英格兰皇冠上的爱德华兹红宝石重167ct，斯里兰卡产的著名星光红宝石重138.7ct。市场上超过3～4ct的优质品非常少见，因此价格昂贵。

我国的山东昌乐、海南蓬莱、江苏六合、黑龙江、辽宁、吉林、福建等地也都有蓝宝石产出。特别是山东临朐和昌乐的蓝宝石，在1991年洛杉矶国际宝石会议上被列为世界上五大新发现之一。山东蓝宝石一般颜色深蓝，甚至几乎全黑，目前科技人员正在多方攻克改色难关，取得了明显进展。

第三节　祖母绿(Emerald)、海蓝宝石(aquamarine)和绿柱石(Beryl)

绿柱石类宝石的颜色很丰富，品种也较多。除祖母绿(绿色由铬元素引起)、海蓝宝石(蓝色由铁元素引起)外，其他绿柱石类宝石统一称为绿柱石，如：粉红色绿柱石(也称为摩根石)、金黄色绿柱石、黄绿柱石、红绿柱石、紫绿柱石、褐绿柱石和无色绿柱石等。

祖母绿是绿柱石类宝石中最珍贵的品种，也是世界四大宝石之一。祖母绿以其青翠悦目使各时代的人都为之着迷，以其稀少和罕见为许多国家政府和皇室所珍藏。作为五月的生辰石，代表着春天大自然的美景和许诺，是信心和永恒不朽的象征。

海蓝宝石是天蓝色到海水蓝色的绿柱石类宝石，它以酷似海水而得名。传说中，这种美丽的宝石产于海底，是海水的精华。作为三月的生辰石，它既象征着沉着、勇敢，又是幸福和永葆青春的标志。

一、绿柱石类宝石的基本特征

(1)化学成分：$Be_3Al_2Si_6O_{18}$，常含有 Cr、Cs、V、Fe、Ni 等致色元素。矿物名称：绿柱石。

(2)颜色、品种和多色性。

颜色	名称	多色性
绿色	祖母绿	蓝绿/黄绿
蓝色	海蓝宝石	蓝/淡蓝
粉红色	绿柱石	粉红/浅粉红
红色	绿柱石	红/粉红
黄色	绿柱石	绿黄色/黄色
无色和褐色等		

(3)硬度：7.5～8。

(4)相对密度：2.72±，视品种而变。

(5)光泽：玻璃光泽。

(6)透明度：透明至半透明。

(7)折射率：1.577～1.583，视品种而变。

(8)双折射率：0.005～0.009，视品种而变。

(9)特殊光学性质：可具猫眼和星光效应。

(10)解理：不完全底面解理。

二、祖母绿的特征

(1)颜色：常见深绿色、蓝绿色、黄绿色，在同为绿色的单晶宝石中，祖母绿的绿色明亮、纯正、柔和。

(2)吸收光谱：显示铬致色宝石的典型光谱。

(3)多色性：祖母绿多色性强度随颜色的深浅而变化，深色祖母绿在二色镜中可以看到较明显的颜色变化，两种颜色一般为蓝绿—黄绿、浅绿—深绿。

(4)查尔斯滤色镜：多呈暗红色，但南非、印度产的祖母绿仍为绿色。

(5)解理：解理、裂隙比较发育，成品祖母绿普遍用无色油浸润，以防止裂隙进一步扩大，以起到保护作用，因此佩戴祖母绿时应远离高温。

(6)放大检查：常含三相包裹体(气—液—固)；气液两相包裹体；矿物包裹体，如：方解石、黄铁矿、云母、阳起石、透闪石、石英、赤铁矿等。

(7)琢型：大多数祖母绿加工成八面阶梯琢型，称之为祖母绿型。由于祖母绿易碎，除去宝石的尖角部分，可以使损失降低到最低程度。同时阶梯形加工也有助于加深祖母绿的颜色。

三、海蓝宝石的特性

(1)颜色：海蓝宝石常为明澈的天蓝色，很多海蓝宝石有一种微蓝绿色，也常呈淡天蓝色。

(2)吸收光谱：海蓝宝石的蓝色是由铁致色的，427nm 有强吸收，蓝色浅时变弱而不太明显。

(3)多色性:海蓝宝石在二色镜下表现为不同色调的蓝色。

(4)查尔斯滤色镜:显浅绿蓝色。

(5)放大检查:典型的内含物特征是平行管状体,这些内含物的平行排列可以导致产生猫眼效应。常见雨点儿或雪花状气液二相内含物及薄片状云母。许多刻面宝石不含任何内含物。

海蓝宝石往往为无瑕澄清的硕大晶体,因此大而无裂的宝石相对容易获得。

四、祖母绿、海蓝宝石的评价

对祖母绿的评价一般从颜色、透明度、净度、切工和重量等方面来进行。其中颜色是最重要的。

优质的祖母绿应为鲜艳纯正的翠绿色,不同程度的黄色、蓝色、灰色、褐色等杂色色调都会降低祖母绿的颜色质量;并要求颜色均匀,颜色不均匀或颜色较浅的祖母绿,其价格也较低。另外,由于生成环境的原因,祖母绿中内含物十分丰富,解理十分发育,因此高纯净度和大颗粒的祖母绿尤其可贵,价值也将明显增高。优质祖母绿宝石往往采用祖母绿型切工。

绿柱石中除祖母绿外,最为珍贵的是海蓝宝石。优质的海蓝宝石应该是颜色纯正、鲜艳、色浓,净度洁净、透明,切工比例正确、抛光好。与祖母绿不同,大而无裂的海蓝宝石还是比较容易得到。

五、祖母绿、海蓝宝石的鉴别

和祖母绿相似的宝石有绿色碧玺、绿色磷灰石、铬透辉石、翡翠、翠榴石等。祖母绿和它们的区别方法,在详细测定折射率、双折射率、密度、光性特征、吸收光谱、内部特征等物理、化学性质后,能够容易鉴别。

如绿色碧玺的多色性很强,后刻棱重影明显。

绿色磷灰石的硬度较祖母绿低。

铬透辉石的绿色发暗,没有祖母绿那种绿绒绒的感觉,折射率高于祖母绿。

翡翠是变斑晶纤维交织结构,是集合体。祖母绿是单晶、非均质体,偏光镜下有四明四暗现象。

翠榴石为均质体,内部常见马尾状石棉包体。绿色石榴石常有黄色色调,无多色性,相对密度高,同样大小相对手感较重。

和海蓝宝石相似的宝石有蓝色黄玉、蓝色蓝宝石等。它们的折射率明显不同,经过详细鉴定容易区分。

天然祖母绿与合成祖母绿最为相近,鉴别比较困难。天然祖母绿和合成祖母绿的鉴别主要根据典型的内含物加以区分;不同合成方法的祖母绿与天然祖母绿在折射率、双折射率和密度等方面也有差异,还可以借助大型仪器设备加以鉴定。

六、祖母绿、海蓝宝石的产地

世界上祖母绿产地很多,有哥伦比亚、巴西、俄罗斯、津巴布韦、坦桑尼亚、南非、澳大利亚、美国、巴基斯坦、印度以及中国的云南等。其中主要的产地是哥伦比亚、巴西、俄罗斯、津巴布韦、坦桑尼亚。

最优质的祖母绿出自哥伦比亚。其祖母绿呈翠绿和稍带蓝色的绿色。

俄罗斯乌拉尔祖母绿，产于东乌拉尔山脉。它稍带黄绿色，有时具褐色色调。

1900 年左右出现在市场的巴西祖母绿为浅微黄绿色，酷似普通绿柱石。目前其产量可能比哥伦比亚还要高。

世界优质海蓝宝石主要来自巴西，占世界海蓝宝石产量的 70%，迄今发现的最大海蓝宝石晶体重 110.5kg 就出于此地。乌拉尔山脉也是海蓝宝石的供应地。优美的宝石级海蓝宝石在马达加斯加有 50 多处不同产地。我国新疆阿勒泰、云南哀劳山、内蒙古、湖南、海南等地均找到了海蓝宝石。特别是绵延数百千米长的阿尔泰山麓，海蓝宝石蕴藏量十分丰富。宝石透明至半透明，颜色浅天蓝色至深天蓝色，还发现有海蓝宝石猫眼和水胆海蓝宝石。

第四节 猫眼(Cat's—eye)、变石(Alexandrite)和金绿宝石(Chrysoberyl)

金绿宝石源于希腊词汇，"Chryso"意为金黄色，"beryl"意为绿柱石。19 世纪前，一直误认它为一种绿柱石。金绿宝石象征富贵、健康和长寿。

具有猫眼效应的金绿宝石称为猫眼，具有变色效应的金绿宝石称为变石。它们具有大致相同的物理和化学性质。

一、金绿宝石的基本特征

(1)化学成分：$BeAl_2O_4$，含铍和铝的氧化物，常含微量的铁、铬、钛。矿物名称：金绿宝石。

(2)颜色：黄至黄绿色、灰绿色，褐至褐黄色。

(3)硬度：8～8.5。

(4)相对密度：3.73±。

(5)光泽：玻璃光泽。

(6)折射率：1.746～1.755。

(7)双折射率：0.008～0.010。

(8)多色性：金绿宝石有三个品种，金绿宝石、猫眼、变石，不同的品种具有不同的多色性。

金绿宝石：黄色、绿色、褐色；弱至中等。

猫眼：黄色、黄绿色、橙色；弱。

变石：紫红色、橙黄色、绿色；强。缅甸变石多色性为紫、亮绿和蓝绿色。

(9)吸收光谱：金绿宝石、猫眼在紫光区 445nm 处有强的吸收带。

变石在红光区 680nm 处有一双线，红橙区有两条弱线，以 580nm 为中心有吸收区，蓝区有一吸收线，紫区吸收。

(10)放大检查：金绿宝石、变石一般内部较干净，可有少量气液包裹体和固态包裹体；猫眼具有密集定向排列的管状包裹体。

(11)特殊光学效应：金绿宝石具变色效应和猫眼效应以及罕见的星光效应。

二、金绿宝石的品种

1. 猫眼

猫眼宝石是金绿宝石中著名品种之一。当金绿宝石中含有大量的平行排列的管状包裹体而且又磨成凸面型宝石时，在光照下，会在宝石内部反射出一条聚集的耀眼活光，其形态和猫的眼睛极为相似，微微摆动宝石，闪耀的光线也灵活变动，宛如灵活明亮的猫眼睛，故称为“猫眼”。“猫眼”宝石以斯里兰卡最为有名，亮带清晰明亮，素有“锡兰猫眼”之称。伊朗王冠上一颗重 147.7ct 的黄绿色猫眼就来自斯里兰卡。据传猫眼具有驱逐妖邪的魔力。

当内部平行排列的针管状内含物有缺陷时，反映在宝石的亮带上也会有缺陷。内含物的结构粗而疏，则亮带混而粗；内含物的结构细而密，则亮带清晰而明亮。

透明度对亮带的清晰度有直接的影响。透明度越高，亮带越不清晰。半透明状态能将猫眼亮带衬托得更完美。

有一种有趣的现象，当把猫眼宝石放在两个聚光灯束下，随着宝石的转动，眼线将会出现张开和闭合现象。张开时，会有清楚的区域隔开；闭合时，会形成一条细细的线。

2. 变石

变石也称为亚历山大石。据传，1830 年，俄国沙皇亚历山大二世，在生日那天得到一块宝石，并把它镶在了皇冠上，故将这块宝石命名为亚历山大石。变石是一种含微量氧化铬(Cr_2O_3)的金绿宝石矿物变种。透明至半透明、多色性强。变石的珍贵之处在于变色，它在不同的光源下观察具有不同的颜色。当阳光照射到变石上时，透射最多的为绿光，而呈现绿色、蓝绿色或翠绿色；当钨丝灯或白炽灯照射时，变石透射的红光最多，而呈现橙红、褐红、紫红，因此有“白昼里的祖母绿，黑夜里的红宝石”的美称。变石的变色效应，随着产地不同，变色也不同。变石常加工成刻面型宝石。

3. 变石猫眼

变石猫眼是金绿宝石中非常稀少的一个品种，它集变色和猫眼效应于一身。

4. 星光金绿宝石

极为罕见的品种是具有四射星光效应的金绿宝石，它是由宝石内部二组相互近似垂直的包裹体形成的。

5. 金绿宝石

其他达到宝石级的金绿宝石，由于含铁量的不同，颜色呈淡黄、葵花黄、金黄和黄绿色，通常琢磨成刻面型宝石，其中以葵花黄色为最好。

三、金绿宝石的评价

金绿宝石以透明度好、色泽明亮、颜色鲜艳、有猫眼或变色效应的为上品。

猫眼宝石质量的好坏、价值高低，取决于颜色、亮带、重量以及琢型的完美程度。猫眼的基底色主要以葵花黄色、棕黄色或蜜黄色为佳，很淡的黄色、黄绿色、褐绿色、黄褐色次之，价值较低。猫眼亮带居中、亮而直、连续、清晰、摆动灵活的为上品，眼线的颜色以银白色和金黄色最好。斯里兰卡出产的猫眼宝石著称于世，其中以蜜黄色光带呈三条线的为特优质品。

高品质变石应该是颜色变化明显，并变化的两种颜色鲜艳漂亮。白天颜色好坏依次为翠绿色、绿色、淡绿色；晚上颜色好坏依次为红色、紫色、淡粉色。

四、金绿宝石的鉴别

金绿宝石、猫眼这两个品种，以其颜色、折射率、相对密度、吸收光谱区别于其他宝石。

金绿宝石与天然相似宝石的区别如下：

(1)黄色蓝宝石。黄色蓝宝石折射率高于金绿宝石；放大检查金绿宝石常见指纹状包体、丝状包体，而蓝宝石是以六边形色带、丝状包体三个方向呈其120°交角出现更为常见。

(2)钙铝榴石。钙铝榴石无后棱刻面重影；无多色性。

(3)石英猫眼。同等大小的两块宝石，石英猫眼明显轻于猫眼；石英猫眼的结构较粗，一般情况下眼线宽度较大，眼线清晰程度较低；石英猫眼的底色多为灰色、黑灰色，很难达到猫眼石的蜜黄色。

变石由于稀少，市场上常见到合成刚玉仿变石和合成尖晶石仿变石。合成刚玉仿变石在日光下呈蓝灰色，灯光下呈紫红色，以折射率 1.762～1.770、相对密度 3.09～4.01 与变石相区别，而且常见气泡和弯曲生长带(焰熔法)；合成尖晶石仿变石，虽有颜色变化，但其为均质体而且折射率值为 1.727，可与变石相区别。

五、金绿宝石的产地

斯里兰卡猫眼宝石较为著名，其猫眼石和变石都产自于砂矿。斯里兰卡也是变石猫眼的惟一产地。

优质变石著名的产地有俄罗斯乌拉尔山，晶体较小。斯里兰卡变石晶体稍大，但质量稍逊于乌拉尔产变石。

巴西发现了金绿宝石类的各个品种：包括透明的黄色、褐色金绿宝石，很好的猫眼及高质量的变石。

马达加斯加、印度、中国也产有金绿宝石。

第五节　尖晶石(Spinel)

一、尖晶石的基本特征

(1)化学成分：$MgAl_2O_4$，可含 Cr、Fe、Zn、Mn 等元素。矿物名称：尖晶石。

(2)颜色：尖晶石有各种深浅不同的颜色。大体分为红色、蓝色和其他色，红色因含铬而致色，蓝色因含铁而致色。

(3)硬度：8。

(4)相对密度：3.60±，黑色约 4.00。

(5)光泽：玻璃光泽。

(6)折射率：1.718。

(7)多色性：无。

(8)吸收光谱:红色尖晶石在红区有铬吸收,蓝色尖晶石在蓝区有铁吸收。

(9)放大检查:尖晶石通常含有较多的包裹体,但看上去透明度仍较好。常见尖晶石八面体晶包裹体,单独或成行排列。开口裂隙中常见液态包裹体。

(10)特殊光学性质:可具星光效应和变色效应。

二、尖晶石的评价

尖晶石的品质评价中,颜色占有重要地位,以半透明深红色为最佳,价值最高,其次为紫红、橙红、浅红及蓝色。优质的尖晶石要求颜色好、透明度高、净度好、切工比例和抛光好。

三、尖晶石的鉴别

红色尖晶石为红色和粉红色透明晶体。英国王冠上一颗著名的“黑太子红宝”为一颗未经切磨的红色尖晶石,约 170ct 重;“铁木尔红宝”为英国王室所收藏,也为一颗红色尖晶石,重 316ct。这两颗尖晶石在历史上一直被当做红宝石,直到近代才鉴定为红色尖晶石。由此可见,红色尖晶石和红宝石在颜色上是很相像的。利用宝石的各项物理性质的测定,如折射率、双折射率、吸收光谱、相对密度、多色性和发光性、内部特征等还是可以容易地将它们区分开的。

四、尖晶石的产地

阿富汗产优美的红色尖晶石。斯里兰卡有各种颜色的尖晶石,尤其是各种蓝色的尖晶石。缅甸、泰国也有尖晶石产出。

第六节　碧玺(Tourmaline)

碧玺色彩斑斓,深受人们的喜爱,与欧泊一起作为十月的生辰石,象征美好的希望,象征幸福、平安和祥和。

一、碧玺的基本特征

(1)矿物名称:碧玺的矿物名称为电气石。

(2)颜色:碧玺有各种不同的颜色。大体分为红色、蓝色和绿色三个系列,同一晶体内外或不同部位常呈现双色或多色现象。

(3)硬度:7～8。

(4)相对密度:3.06±。

(5)光泽:玻璃光泽。

(6)折射率:1.624～1.644。

(7)双折射率:0.018～0.040,高双折射率,使得后刻面重影明显。

(8)多色性:具有显著的多色性,转动宝石肉眼可能看到不同方向颜色的变化。

(9)吸收光谱:不同颜色碧玺具不同特征吸收谱线。

(10)放大检查:宝石级绿色碧玺包裹体较少,其他颜色特别是粉红色和红色者含有大量充满液体的扁平状较多的包裹体、不规则管状包裹体、平行线状包裹体。

(11)特殊光学性质:如含有大量的平行分布的"管状"包裹体时会产生猫眼效应。

碧玺如果能显示猫眼效应时,常常加工成凸面型,其他宝石级碧玺则加工成刻面型,尤以祖母绿型最能体现碧玺美丽的颜色。

二、碧玺的评价

碧玺的评价包括颜色、净度、切工、大小,尤以颜色最为重要。

所有宝石中,碧玺颜色最为丰富,按其颜色和特殊的光学效应可分为几个品种:红一粉红色电气石(红碧玺)。巴西的粉红色碧玺被称为"巴西红宝石",价值最高的为商业上称做"双桃红"碧玺、蓝色碧玺(蓝碧玺);绿一祖母绿色碧玺(绿碧玺);双色碧玺,内红外绿时称"西瓜碧玺"。

优质碧玺的颜色为玫瑰红色、紫红色,价格也相对昂贵,粉红色碧玺价格较低。绿色碧玺以鲜艳的绿色为上品,黄绿色为次之。纯蓝色和中等程度的蓝色碧玺由于产出较少,也具有较高的价值。

除了颜色外,优质碧玺还应晶莹无瑕,切工规则,比例对称,抛光好。

特殊的光学效应也会提高碧玺的价值。

三、碧玺的鉴别

和碧玺相似的宝石主要有粉红色黄玉、红色尖晶石、红柱石、绿色蓝宝石、绿色透辉石。与之相似的宝石可用折射率和密度加以区别。电气石的鉴定特征是具有显著的多色性,转动宝石,肉眼可能看到不同方向颜色的变化;高双折射率,使得后刻面重影明显;特有的热电性,具有静电吸尘现象。

四、碧玺的产地

世界上许多国家产出碧玺,并各具一定特色。

巴西:以红色、绿色碧玺以及碧玺猫眼闻名于世。斯里兰卡:黄色碧玺和褐色碧玺,为宝石级碧玺最早的产地。俄罗斯:优质碧玺有蓝色、红色和紫红色。缅甸:红色一粉红色碧玺。美国加利福尼亚:是世界上主要优质碧玺原料的产地之一,以粉红色碧玺著称。中国:新疆、云南等地出产碧玺,主要颜色有红色、绿色、黄色、褐色,并常有双色和三色的碧玺产出,不但颜色丰富,而且质量好。

第七节　橄榄石(Peridot)

橄榄石一词来源于法文 Peridot。是一种古老的宝石品种,古代称为"太阳的宝石",并作为护身符,意味着像太阳一样可以驱除邪恶。是八月的诞生石,象征安宁,成功,给佩戴者带来好运。

一、橄榄石的基本特征

(1)矿物名称:矿物名称为橄榄石。

(2)颜色:橄榄石具特征的黄绿色、绿色、褐绿色。

(3)硬度:6.5～7。

(4)相对密度:3.34±。

(5)光泽:玻璃光泽。

(6)折射率:1.654～1.690。

(7)双折射率:0.035～0.038。

(8)多色性:弱,黄绿色—绿色。

(9)吸收光谱:在蓝区和蓝绿区有 453nm、477nm、497nm 三条铁强吸收带。

(10)放大检查:常见盘状(睡莲叶状)气液两相包体,矿物包体,负晶。

橄榄石具特征的草绿色——橄榄绿色,它几乎与所有绿色矿物的颜色都不同。作为宝石级的有镁橄榄石和贵橄榄石,其色调随含铁的增加而变深。致色元素是铁。

二、橄榄石的评价

优质橄榄石应颜色纯正,以中—深黄绿色且色泽均匀、透明度好、无裂隙和包裹体者为佳。由于橄榄石裂隙发育,其成品大颗粒者稀少,因此 3～10ct 的成品就应有较高的价值,而大于 10ct 的成品橄榄石则属少见,因此价格高。

三、橄榄石的鉴别

橄榄石根据特殊的草绿色(略带黄色调,也称橄榄绿)、含睡莲叶状的包裹体、微弱的多色性、折射率、双折射率和吸收光谱来鉴别。由于双折射率大,在刻面宝石中常常能见到刻面棱双影线,根据这些特征,很容易将它与其他相似宝石区别开。和橄榄石相似的宝石有绿色碧玺(多色性明显强于橄榄石,折射率明显低于橄榄石)、绿色锆石(折射率、密度明显高于橄榄石,吸收光谱不同,锆石有 653nm 吸收线)、铬透辉石(红区铬吸收)和金绿宝石(折射率、密度明显高于橄榄石)。

四、橄榄石的产地

我国河北、吉林都出产质量好的绿色至黄绿色橄榄石。美国、俄罗斯、缅甸、巴西也产出宝石级的橄榄石。

第八节　托帕石(Topaz)

托帕石(英文译音)是一种较流行且耐用的中低档宝石,又称黄玉。作为十一月的生辰石,象征智慧、友谊和忠诚。

一、托帕石的基本特征

(1)矿物名称:矿物名称为黄玉。

(2)颜色:有红、褐红、粉红、黄、蓝、浅蓝、无色等。

(3)硬度:8。

(4)相对密度:3.53±。

(5)光泽:玻璃光泽。

(6)折射率:1.619～1.627。

(7)双折射率:0.008～0.010。

(8)多色性:弱至中。

(9)吸收光谱:不特征。

(10)放大检查:常见两相和三相包体、矿物包体、负晶。

二、托帕石的评价

红色托帕石的颜色品质最高,质优者价值昂贵,其次是粉红色、蓝色和浅黄色,无色者价值最低。

红色托帕石:该品种透明度好,内含物少。当颜色艳美、质量优良时,是中档宝石中的珍贵品种。黄色、褐色、橙色经加热可变成粉红色、红色,这种颜色稳定,不会改变;黄色、褐色、橙色经辐射处理可使颜色加深或去除杂质。

蓝色托帕石:天蓝色,常带一点灰或绿色色调,多色性明显,蓝色或无色。内含物较多。蓝色黄玉在国际市场上较畅销,外观似海蓝宝石,但价却较低。

无色托帕石:无色品种,自然界较多,晶体很大,因折射率高,色散低,琢磨成刻面型宝石后,无动人之处而不被人喜爱。因而常常还要经过辐射处理把无色黄玉变成蓝色黄玉。

优质托帕石除了要求颜色美丽,还要求内部洁净,切工规整,具明亮的玻璃光泽。

三、托帕石的鉴别

和托帕石相似的宝石有石英、碧玺、海蓝宝石、磷辉石以及玻璃制品,可以用密度、折射率等区别。如:碧玺后刻棱重影明显,二色性比黄玉强得多;海蓝宝石相对密度低,即同样大小的宝石,海蓝宝石相对轻些。

四、托帕石的产地

巴西盛产托帕石,世界上优质的托帕石宝石原料来源于巴西,主要为橙黄和橙褐色宝石级托帕石。其他产地有斯里兰卡、俄罗斯、美国、墨西哥、缅甸、非洲部分国家等。

我国托帕石以无色为主,产于云南、内蒙古西部、新疆等地。

第九节　锆石(Zircon)

锆石已有百年的历史,是十二月的生辰石,有强玻璃光泽至亚金刚光泽,高色散。锆石可充当钻石代用品,因此有人称之为“斯里兰卡钻”、“曼谷钻”。它易脆,刻面棱边缘易被损坏,作为饰物佩带时要非常小心。

一、锆石的基本特征

(1)矿物名称:矿物名称为锆石。

(2)颜色:锆石的常见颜色有无色、蓝色、黄色、绿色、褐色、红色、紫色。

(3)硬度:6～7.5。

(4)相对密度:3.90～4.73。

(5)光泽:玻璃光泽至金刚光泽。

(6)折射率:1.78～2.01。

(7)双折射率:0.001～0.059。

(8)多色性:弱。

(9)吸收光谱:吸收光谱可达2～40多条,653nm为特征吸收线。

(10)放大检查:常见矿物包体,重影明显。性脆,棱角易磨损。

锆石按结晶程度可分为高型、中型、低型三个品种。折射率、密度、硬度值从低型到高型逐渐变大。高型锆石的双折射率高,而低型锆石几乎无双折射率。

二、锆石的评价

无色是锆石最流行的颜色之一,可以是天然的,也可从黄色、褐色、红色经热处理而成。作为钻石的仿制品要求纯净、透明度高,以切工理想并能显示出耀眼的火彩为佳。质量越大,价值越高。

蓝色锆石是所有锆石中价值最高的,也是流行的颜色之一。要求颜色鲜艳纯正,透明度高,内部洁净,切割完美。质量越大,价值越高。

锆石切割时,要求刻面宝石的台面垂直光轴,以使人们在台面方向观察时看不到后刻面重影及多色性。

三、锆石的鉴别

和锆石相似的宝石有钻石、海蓝宝石、金绿宝石、尖晶石、蓝宝石、合成立方氧化锆、合成金红石、玻璃等。高折射,强光泽,高双折射,众多的光谱吸收线、以653nm为特征吸收线是锆石的主要鉴别特征。

四、锆石的产地

泰国、斯里兰卡为锆石的主要产出国。斯里兰卡以产各种颜色锆石著称,泰国为宝石级锆石的主要来源地。其他产出国还有缅甸、法国、澳大利亚、坦桑尼亚等。

我国也产宝石级锆石。海南蓬莱产红色锆石。福建明溪产无色或白色锆石巨晶。

第十节　石榴石(Garnet)

人们常常会把石榴石作为一个单独的宝石矿物,实际上,它是一群矿物的名称,其成员都有一个共同的结晶习性。按其化学成分的不同,可分为镁铝榴石、铁铝榴石、钙铁榴石、锰铝榴石、钙铝榴石、钙铬榴石以及水钙铝榴石等。

一、石榴石的基本特征

(1)矿物名称:石榴石。

(2)颜色:颜色丰富,有除蓝色以外的各种颜色。

(3)硬度:7～8。

(4)相对密度:3.50～4.30。

(5)光泽:玻璃光泽至金刚光泽。
(6)折射率:1.710～1.940。
(7)双折射率:无。
(8)多色性:无。
(9)放大检查:常见针状、不规则状、浑圆状包体。

二、石榴石的评价

颜色是决定石榴石价值的重要因素。翠榴石和绿色系列的石榴石价值上高于其他颜色的石榴石;除绿色外,橙黄色的锰铝榴石、红色的镁铝榴石和暗红色的铁铝榴石价值依次降低。

镁铝榴石是我们常见的宝石,商业名为红榴石。宝石级的镁铝榴石颜色常见中至深的橙红色、红色、浅黄红或浅粉红色。少量镁铝榴石具变色效应。大而纯净、颜色漂亮的镁铝榴石,价值昂贵。最著名的产地为捷克斯洛伐克的特列布尼茨,通常即称波希米亚石榴石。

铁铝榴石是一种最常见的石榴石,有时被称为贵榴石。宝石级铁铝榴石的颜色为橙红、紫红、褐红,颜色偏暗,常加工成凹凸面型,以减少宝石厚度而显出颜色。铁铝榴石能产生猫眼效应或四射星光。

钙铁榴石按颜色可分为翠榴石、黄榴石、黑榴石,其中翠榴石因含铬而呈鲜绿色,是石榴石中最有价值的品种之一,质优者可与祖母绿等价。俄罗斯乌拉尔山脉的翠榴石具非常明显的由纤维石棉组成的、形状像马尾状的包裹体,

水钙铝榴石是钙铝榴面的变种。宝石级水钙铝榴石的颜色以绿色为主,也有少量的粉色和无色,常呈集合体,查尔斯镜下显红色,内含黑色点状包体。

三、石榴石的鉴别

和石榴石相似的宝石有红宝石、红色尖晶石等。红宝石是非均质体,有二色性,特征的铬吸收光谱,有明显的荧光反应,可有平直色带,针状包裹体可成120°交角;尖晶石的折射率偏低,有荧光反应,可见八面体形包裹体。石榴石为均质体,无二色性,查尔斯镜下无反应,可有马尾状的包裹体。

优质的水钙铝榴石呈鲜绿色,与翡翠极为相似。水钙铝榴石往往有黑色斑点,折射率为1.73 ,红区无特征吸收。

四、石榴石的产地

镁铝榴石主要产于美国、捷克;铁铝榴石主要产于印度、美国、斯里兰卡、巴基斯坦等;钙铁榴石主要产于俄罗斯、扎伊尔、韩国、美国;水钙铝榴石主要产于南非、加拿大、美国、中国。

第十一节 月光石(Moonstone)和日光石(Sunstone)

月光石、日光石是长石类宝石中最主要的两种宝石品种。

一、月光石、日光石的基本特征

月光石通常呈无色、白色,也可以是粉红色、橙黄、黄色、绿色、褐色及灰色。相对密度为

2.58，硬度 6～7，通常无多色性，折射率 1.518～1.526，可具猫眼和月光效应。月光效应是由光干涉差异或衍射所造成的（钠长石和正长石的折射率不同）朦胧状蔚蓝色、乳白色的晕彩。

日光石呈黄色、橙至棕色。相对密度为 2.65，硬度为 6～7，通常无多色性，折射率为 1.537～1.547，可见红色或金色砂金效应。日光石含赤铁矿或针铁矿包裹体的长石，这些包裹体反射出相互平行的光线，而显出一种金黄色到红色色调的火花闪光，常称“砂金石”闪光效应。

二、月光石、日光石的评价

月光石以无色透明至半透明，具飘游状蓝色月光为最好，白色的价值就差多了。切工直接影响月光效应，优质的切割应使月光浮在月光石弧面正中。

优质的日光石的透明度要好，颜色以金黄色强砂金效应为最好，偏暗或偏浅均会影响价格。

尽管内部包裹体对他们的影响比对其他宝石要小得多，但明显的瑕疵仍会影响宝石的价值。

三、月光石、日光石的鉴别

和月光石相似的宝石有白色玛瑙，和日光石相似的宝石有东陵石。与相似宝石鉴别可用折射率、光性特征、内部特征加以区别。

玛瑙在正交偏光镜下无消光位，月光石呈四明四暗变化；玛瑙可具玛瑙纹，月光石可具“蜈蚣状”包裹体。

东陵石具绿色的片状闪光，日光石具金黄色和橙黄色的闪光。

四、月光石、日光石的产地

月光石最著名的产地为斯里兰卡。白色、红棕色、绿色月光石产于缅甸、印度、马达加斯加和坦桑尼亚等国。我国河北也有产出，但质量不佳。

日光石最著名的产地是挪威。其他产地有俄罗斯、加拿大、美国、印度、墨西哥等。

第十二节　石英（Quartz）

石英是自然界中最常见、最主要的一种矿物。

无色透明的石英称水晶。水晶在我国历代均被用作装饰品。由于水晶的双折射，透过水晶球看头发，一根会变成两根，而转动到一定角度，两根又会变成一根，因而令人疑惑不解，认为水晶有某种神奇的力量。如吉卜赛人用水晶球算命；中国人认为佩带水晶可以驱邪避凶、带来好运。

一、石英的基本特征

(1)化学成分：SiO_2，含微量的其他元素时，能使无色水晶出现颜色。

(2)颜色：无色、黄色、紫色等多种颜色。

(3)硬度：7。

(4)相对密度：2.66±。

(5)光泽:玻璃光泽。

(6)透明度:透明到半透明。

(7)折射率:1.544～1.553。

(8)双折射率：0.009。

(9)放大检查:常有色带,液体、气液二相包体、气液固三相包体。

二、石英的分类

石英按颜色可分水晶、紫晶、黄晶、烟晶、绿水晶、芙蓉石。

1. 水晶

水晶无色透明,二氧化硅的成分中不含杂质,水晶多呈单个柱状晶体或晶簇产出，重量从几公斤至十多公斤的晶体较多,几百公斤以至上吨重者也不少见。但透明无瑕、无裂隙的大块晶体比较难得。

2. 紫晶

紫晶是一种紫色的石英。紫晶多色性明显,多呈深紫色到浅紫色,透明至半透明,常见直边或折边的颜色分带。紫晶是二月份的诞生石,预示健康与幸运。

3. 黄晶

黄晶是黄色的石英。二氧化硅成分中含有高阶铁时而呈现黄色,颜色由浅黄色、黄褐色、金橙黄色到深的橙色,以金黄色为好,颜色深的价值高于颜色浅的价值。常见直边或折边的颜色分带。黄水晶可由紫晶经过热处理变色而成,这种经过热处理而成的黄水晶仍保留了原紫晶的色带。

紫色和黄色共存一体,可形成双色,这是石英内有双晶所致。

4. 烟晶

烟晶是烟色至棕褐色石英。烟晶加热后可变成无色水晶,但经放射性物质辐射后,可恢复原色。

5. 绿水晶

极少天然绿水晶。偶然见到的绿水晶是因为石英中含有极微小的绿泥石包裹体造成。市场上的绿水晶多为人工合成或改色而成的。

6、芙蓉石

芙蓉石一般呈淡红色和粉红色,颜色由成分中含有锰和钛所致。单晶体少见,通常致密块状体几乎总是云雾状或半透明状。以颜色浓艳,透明度好,质地纯净无裂绺为佳。芙蓉石的颜色不太稳定,当置于空气中加热到575℃时红色消褪,在阳光下久晒能使颜色变淡,但置于水中颜色稍有恢复。目前,我国的芙蓉石工艺品原料大部分来自于巴西。特征粉红色为其识别标志。

三、石英的评价

对于石英的品质要求是:颜色鲜艳、内部纯净、切工标准。

石英是一种常见宝石，在自然界产出丰富，相比之下价格较低，只有天然水晶球、大件的水晶雕刻品才可能有较高的价值。

当石英中含有大量的平行排列的纤维状包体时，其弧面形宝石可显示猫眼和星光效应。

四、石英的鉴别

和石英相似的宝石有无色长石、黄色托帕石、玻璃等。

长石有二组解理相交而成的“蜈蚣状”包体区别于石英。黄色托帕石以其折射率（1.619～1.627）大于石英（1.544～1.553）而与石英区别。玻璃为均质体，偏光镜下无四明四暗变化，有气泡，硬度偏低，易与石英区别。

五、石英的产地

石英产地分布广，巴西以盛产石英著称。我国石英产量很大，江苏东海地区是水晶之乡。广东、四川、新疆、内蒙古等地也有石英产出。

第十三节　翡翠(Jadeite)

一、翡翠的基本特征

（1）主要矿物：以硬玉为主。

（2）颜色：颜色丰富多彩，其中绿色为上品，各种深浅不同的绿色常称为翠，红色常称为翡，紫色常称为紫翠或“春儿色”。

在珠宝界，对翡翠的一些颜色组合给予了特定的含义。春花—紫色、绿色、白色相掺，有春花怒放之意。福、禄、寿—红色、绿色、紫色同时存在于一块翡翠上，象征吉祥如意，代表福、禄、寿三喜。

（3）硬度：6.5～7。成品翡翠表面平整、光滑。

（4）相对密度：3.25～3.40，常为3.34。与软玉、岫玉比相对较重。

（5）光泽：油脂至玻璃光泽。

（6）透明度：半透明至不透明。一般说来，矿物颗粒越细，则透明度（水头）越好，光泽越强。

（7）折射率：1.666～1.680，点测法常为1.66。

（8）吸收光谱：翡翠紫光区437nm处有一强吸收线，为特征谱线。有些绿色品种在红光区630nm、660nm、690nm处出现三条阶梯状吸收谱线。染色翡翠在红光区所见到的为模糊吸收带。

（9）放大检查：呈纤维交织结构至粒状纤维结构，有“翠性”。

翡翠中均有细小团块状、透明度微差的白色斑块，称“石花”。

反光下借助放大镜，在翡翠成品中可见到表面出现的呈点状、线状及片状闪光，珠宝界称这种现象为“翠性”，它是由硬玉解理面反光造成的。翠性是翡翠基本的鉴定特征，也是识别翡翠与其他易相混的玉石及有关仿制品的重要标志。

不论是翡翠原料还是成品，只要在抛光面上仔细观察，均可见到一种花斑状的结构，也就是说，在一块翡翠上可以见到两种形态和排列方式不同的小晶体。一种是颗粒稍大的粒状晶体，另一种是在其周围交织在一起的纤维状小晶体。一般情况下同一块翡翠的粒状晶体颗粒大小均一，晶体两端稍尖，像眼球状，晶体的长轴和纤维状小晶体的延长方向一致，有明显的定向排列的迹象。

二、翡翠的评价

翡翠价值既决定于本身的质量，又受市场的制约。高档的翡翠必须有色有种。所谓“有色”，主要指翡翠中的翠绿色，要求绿得越艳越好；所谓“有种”主要指翡翠质地细腻润滑、通透清澈、光泽晶莹而凝重。不同质量的翡翠，价格差别很大。决定价格的因素，也综合反映在颜色、结构和透明度、净度、工艺、重量大小等方面。

1. 颜色

“阳、浓、正、和”这四个字高度概括了翡翠的颜色要素。“阳”指绿色艳丽、明亮、大方；“浓”是指颜色浓艳，有一定的饱和度和明度，饱满、浑厚隆重；“正”指颜色纯正；“和”指绿色要均匀柔和。具备了这些，翡翠的颜色为上乘。

翡翠的色调繁多，主要有绿色、黄色、红色、紫色、青色、黑色、白色以及其间各种各样的过渡色。对翡翠色调好与差的评价，总体来看以绿色为最佳。紫色俗称紫罗兰，价值比较高。红色通常称“翡”，优质的红翡价值也较高。

鲜艳度是指颜色的明亮程度。很显然，颜色越鲜艳越好，越暗淡则越差。由于个人喜爱有差异，所以对颜色的深浅要求有所不同。一般年轻人喜欢较浅淡的颜色，年纪大的人则喜欢较深的颜色，性格内向的人一般喜欢较深的颜色，而性格外向的人则喜欢清淡的颜色，但对鲜艳度的要求却是一样的，都是鲜艳度越高越好。

颜色的浓度是指颜色的深浅程度即颜色的饱和度。一般可将颜色浓度分为深、中、浅三级。

颜色不一定越深越好，对绿色者是以深和中深为佳，即不浓不淡较适中，很深或浅淡则欠佳。而对黄色、紫色和黑色者则一般是越浓越深越好。

纯度是指色调的纯正程度。一般我们将白光分解出来的红、橙、黄、绿、青、蓝、紫七色光和黑、白色调定为正色，偏离这种颜色就称为偏色。翡翠的绿色往往多多少少混有黄色或蓝色甚至灰色，这样就会降低其美感，从而降低其价格。翡翠颜色的纯度自然是越纯正越好。

翡翠颜色均匀度一般是越均匀越好，或局部与周围的颜色能达到一种协调、互为映衬为好。

2. 结构和透明度

翡翠的结构和透明度又称翡翠的质地。

透明度较好的翡翠，具有温润柔和的美感，透明度差的翡翠就会显得呆板而了无生气。

常见翡翠的质地（又称“地”或“地子”）可分为如下品种：

玻璃地：结构细腻，透明度较好。

藕粉地：半透明至透明，淡紫色，玉质细腻者价格一般很贵。

蛋清地：一种较浑浊如蛋清的质地，透明度较差。

油青地：质地细腻，色较暗。有油青、灰青、蓝青等色。

干地：质地粗糙、不透明、水头差的质地。

传统玉器行业称翡翠的透明度为“水头”。透明度好称为“水头足”或“水头长”，玉石会显得非常晶莹剔透，给人以“水汪汪”的感觉；透明度差的称为“水头差”或“水头短”，玉石会显得很“干”或“死板”。

行内经常用聚光电筒观察翡翠的透明度。用照入深度来衡量透明程度，可以定量地表示水头的长短。通常 3mm 的深度称一分水，6mm 的深度称二分水，一般二分水就是很好的玻璃地了。

如果带绿翡翠的质地细腻，透明度好，那么“地”会起到衬托绿色美感的作用，使翡翠档次提高。

当然评价翡翠的透明度时，还要注意透明度对颜色的影响。一般来说，在半透明的翡翠中，通过色斑的光线经色斑的选择性吸收后成为绿色，经过翡翠颗粒的反射，会把颜色带到无色或浅色区，使翡翠绿色扩大，而不透明或过透明则不利于颜色的扩大。

不同类型的翡翠，透明度的影响是有差别的。如戒面、耳环、小件的首饰，一般色比透明度更重要，而大件首饰，如手镯、吊坠等在一定情况下，透明度可能比颜色更重要。

在评价中高档翡翠时，翡翠质地的优劣甚至比颜色还重要。

3. 净度

裂绺和杂质的存在，会影响颜色和美观，降低翡翠的质量，而且由于硬度的差异会影响抛光质量。除俏色雕刻外，翡翠越纯净越好。

行内有句俗语“不裂不成宝”，表明裂纹在翡翠中普遍存在，因此在对翡翠进行评价时，对裂纹必须进行认真分析。

首先要分清假裂纹、愈合裂纹和真正的裂纹。所谓假裂纹是指不同颗粒矿物或不同颜色矿物集合体之间沿一定方向排列的结合面，形似裂纹的样子而其实并不是裂纹，可称为石纹或纹路。所谓愈合裂纹是指在成矿过程中的老裂纹被物质充填并伴随重结晶作用已经愈合起来。而真正的裂纹是指成矿后经地壳运动或人工开采加工出现的裂开的裂纹。对翡翠质量造成负面影响的主要是指后一种。前两种对翡翠无破坏作用，在评价翡翠时只当作瑕疵来看待。

裂绺太多就会严重影响其价值。然而，自然界中没有一点裂绺的翡翠极少。只有对裂绺的大小、位置、分布、深浅进行综合分析，才能判断出裂绺对翡翠价值的影响程度。

4. 工艺、重量大小

翡翠成品的工艺评价，包括对翡翠成品的比例、美感、雕刻技术、造型及艺术性等的综合评价。对于戒面、耳钉等饰品，要求突出颜色、切工规整(长宽比例协调，饱满，线条流畅)、抛光优良。对于挂件、摆件等来说，巧妙构思、造型优美、技艺娴熟、做工精细将起决定性作用。手镯则要求整体均匀美观，无裂隙。

显然，在颜色、结构和透明度、净度、工艺等品质相同情况下，体积重量越大价值就越高。对于高档翡翠来说，体积影响更大，例如珠链、手镯均需较多的原料来制作，同品质的价值更高。

三、翡翠的鉴别

与翡翠相似的宝石有：软玉、独山玉、绿玉髓、水钙铝榴石、绿东陵石、蛇纹岩玉等；一种染色石英岩(俗称马来西亚玉)被用来仿翡翠中的高绿品种；还有绿玻璃等仿制品。相似品不具翡翠的纤维状交织结构，折射率、密度也不同于翡翠，并且无翡翠的特征吸收光谱。它们有时仅是在外观的颜色上与翡翠的某些品种相似，因此通过检测易于鉴别。

1. 翡翠与其相似品的鉴别：

(1)软玉。软玉的绿色中常带有黄色、灰色、蓝色、褐色及黑色等色调；软玉往往呈油脂光泽，有温润之感，翡翠是玻璃光泽；软玉结构细腻，质地均匀。

(2)绿玉髓。绿玉髓的绿色中带黄色，颜色均匀，无翠性，质地细腻而均匀；绿玉髓透明度较高。

(3)蛇纹石玉。蛇纹石玉绿色不纯，带黄色、褐色、黑色等色；油脂光泽或蜡状光泽；无翠性，多呈均匀的块状，结构细腻。

(4)染色石英岩玉。绿色染色石英岩，绿色中带有明显的偏蓝或偏黄色调；常带有大小不一的黑斑；为粒状结构，不具翠性。

(5)玻璃。玻璃也是翡翠的仿制材料，仿翡翠玻璃的颜色比较均匀，有时可见气泡或流纹状结构。一种脱玻化玻璃是专门用来仿翡翠的，透明度极好，这种绿色玻璃内有树枝状雏晶，折射率、密度与翡翠相近，在偏光镜下表现为多晶质体，但无翡翠特征的吸收谱。

2. 翡翠的优化处理

“玉不琢，不成器”。任何宝石都会经过一定的工艺加工，但不同的工艺对宝石的影响是不同的，按现行的国家标准对翡翠的加工工艺作如下分类：

(1)翡翠的优化。

热处理就是通过对翡翠加热处理的方法，使灰黄或褐黄的翡翠变成红色。这种方法形成的颜色稳定，没有人为添加染色剂，在国家标准中归为优化，可以不标注说明，直接称“翡翠”，为行业内俗称的“A”货翡翠。

(2)翡翠的处理。

①漂白浸蜡处理。

在翡翠饰品加工过程中，弱酸漂白、浸蜡是十分重要的传统工艺，以达到改善翡翠饰品外观美感及耐久性的目的。经过传统工艺的弱酸(或弱碱)去脏，并注蜡的翡翠，传统俗称“A”货翡翠。

但如今有不少生产翡翠饰品的厂家，改变传统翡翠漂白、浸蜡的初衷，用中强酸(或强碱)浸蚀质地不好的翡翠，再将其浸泡在热熔融的蜡锅中煮沸或者真空热注入，蜡质物渗入翡翠饰品内部，以此改善翡翠饰品的颜色和透明度，明显改变翡翠饰品表面与内部结构。因此应该附注漂白浸蜡说明，归入翡翠行内俗称的“B”货。按现行国家标准称“翡翠(处理)”、或“翡翠(漂白浸蜡处理)”、或“漂白浸蜡翡翠”。红外光谱是鉴定的有效手段。

②漂白充填处理。

对绿色好、质地不好的翡翠进行漂白处理(用强酸浸泡翡翠以清除质地中的褐黄色或灰色)，再以真空注胶填充翡翠中经酸液侵蚀而出现的空间。经过处理后的翡翠，绿色非常鲜艳，无杂质。翡翠行内常称这类货为“B”货。

经过酸处理并注胶填充的翡翠绿色不正常，颜色偏黄，显得华而不实，翠与地之间不协调。在强光源下观察，表面显龟裂纹，结构松散，在裂隙处可见胶的存在；在紫外光下有白色荧光。“B”货由于处理过，相互撞击的声音比天然翡翠即“A”货要沉闷。按现行国家标准称“翡翠(处理)”、或“翡翠(漂白充填处理)”、或“漂白充填翡翠”。红外光谱是鉴定的有效手段。

③染色处理。

目前大多数染色翡翠，主要是在白色地上染成绿色或紫罗兰色，或在天然淡绿色上适当加些绿色。这类处理过的翡翠常被行业内称为"C"货。

染色处理很容易检验。方法是用放大镜检查裂隙或颗粒间隙处有绿色染料沉积物。在分光镜下红光区能见模糊吸收带；在查尔斯滤色镜下变为紫红色（若是天然色则不变色，但随着技术的改进，染色处理的翡翠也有不变色的）。按现行国家标准称"翡翠（处理）"、或"翡翠（染色处理）"、或"染色翡翠"。

五、翡翠的产地

世界上最优质的翡翠产于缅甸，根据产出状态分为原生矿和次生矿。缅甸北部密支那县、孟拱区乌龙江一带是著名的翡翠产地。

第十四节　软玉（Nephrite）

中国人对玉有一种依恋和偏爱，故软玉也常被称为"中国玉"。

古人认为玉具有"仁、义、智、勇、洁"君子之五德。软玉温润的色泽代表仁慈；坚韧的质地象征智慧；圆滑的棱角表示公平正义；敲击的清脆声是廉正美德的反映。软玉饰品的技巧和艺术成为中华文化宝库中一颗灿烂的明珠，被世界称为"东方瑰宝"。

一、软玉的基本特征

(1)主要矿物：以透闪石为主。

(2)颜色：按颜色可分出白玉、青玉、青白玉。

白色者可称白玉，其名称有羊脂白、梨花白、象牙白等，尤以质地细腻、光泽滋润的羊脂白最珍贵。青玉色泽深绿、灰绿色，颜色均一，质地细腻。介于白玉和青玉之间者为青白玉。

按颜色特征还有一些传统叫法。如"黄玉"：淡黄到蜜蜡黄色，黄中闪绿，色多浅淡，少见浓者，色浓时极贵重，优质者不次于羊脂白玉；"碧玉"：暗绿、深绿或墨绿色，颜色纯正者为佳。"墨玉"：为深浅不等的黑色，黑白相间，黑白相间的颜色可用于俏色作品；"糖玉"：似糖红色，糖玉往往和白玉或青白玉呈渐变过渡关系，颜色以血红色颜色最好。

(3)硬度：6～6.5。

(4)相对密度：2.90～3.10。

(5)光泽：玻璃光泽至油脂光泽。

(6)透明度：透明至半透明、不透明。

(7)折射率：点测法常为1.60～1.61。

(8)放大检查：呈纤维交织结构。

二、软玉的评价

软玉评价可从颜色、质地、透明度、光泽、净度和重量大小等几方面进行。

颜色：颜色对于软玉品质评价很重要。通常要求颜色均匀明快，无杂色。软玉的色调是很丰富的，以白色为最佳色调，价值最高，其他色调相对欠佳。对不同色调其浓度的要求不同，对绿色者以中深浓度最佳，太深太浅都不好；对白色者则越白越好；对黑色者则越黑越好。一般颜色是越纯正越好，越鲜艳越好。

质地：要求质地细腻、纯净、无瑕疵。抛光后要求使饰品产生滋润感。

光泽：软玉的光泽由蜡状光泽至油脂光泽，其油脂光泽越强越好。羊脂玉为质量最高的软玉，就是由于其油脂光泽强，显油性滋润。

不同色调的软玉对透明度的要求有所不同，对于黄色、绿色者则一般是透明度越高越好，而对白色者则微透明最佳。

净度：软玉的净度取决于其杂质和瑕疵的多少。相对其他玉类来讲，软玉裂隙不发育，比较少。裂隙越大越多质量越差，在做雕件时需要挖脏去绺。

重量大小：对于其他品质相同的软玉，显然，其块度即重量越大，价值就越高。

除了色泽和形态外，软玉具有两大优点，一是对冷热表现为惰性，贴身佩戴，冬天不凉，夏天不热；二是不受酸碱腐蚀，故能埋入地下千年不变。

三、软玉的产地

软玉分布广泛，以新疆和田县产的软玉为最佳，青海也有软玉产出。新疆以被誉为中国软玉之乡而驰名全球，以“和田玉”为著名品种。加拿大、新西兰、俄罗斯、美国等地也均有产出。

第十五节　欧泊(Opal)

欧泊是比较受欢迎的宝石之一，它的矿物名称是蛋白石，英文名“Opal”，音译即欧泊。作为十月的生辰石在民间广为流传，它象征着安乐与平安。它的动人之处，在于它那绚丽的色彩。欧泊的“火”是由无数发出七彩亮光的大小斑点所组成。优质的欧泊可将各种颜色集于一身，这也是它的魅力所在。

一、欧泊的基本特征

(1)化学成分：$SiO_2 \cdot nH_2O$

(2)颜色：有各种颜色。

白色变彩欧泊称白欧泊，是蛋白石中最常见的一种。黑色、灰黑色、深蓝、褐色或其他深色颜色的欧泊，称黑欧泊。橘红色、橙黄色、红色欧泊，称火欧泊。

(3)相对密度：2.15±。硬度：5～6。

(4)折射率：1.45，火欧泊可低达 1.37。

(5)多色性：无。

(6)光泽：玻璃光泽。

(7)发光性：黑色欧泊可有荧光、磷光。

(8)特殊效应：具典型的变彩效应。

二、欧泊的评价

欧泊的价值决定于宝石的大小、颜色和变彩效果。

优质的欧泊应该是表面明亮无裂痕，有一定的透明度，变彩均匀，没有死角，且呈现出可见光谱中的各种颜色。一般来说，以底色、彩片对比亮度强，色美，特别是红色和紫色成分多，致密无损者为佳品。其中黑欧泊自然界产出稀少，最为珍贵，价值最高。

三、欧泊的产地

澳大利亚是世界上产蛋白石最多的国家，占世界总产量的90%以上。

其他如墨西哥、巴西、美国、洪都拉斯、马达加斯加、新西兰也产欧泊。

第十六节 玉髓(玛瑙)(Chalcedony, Agate)

玉髓是指隐晶质石英集合体。

呈纹带状、同心层状、波纹的玉髓又称玛瑙。

玛瑙纯者无色，因常含微量的氧化铁等杂质或有机质混入物，而显出各种美丽的颜色。玉雕大师们利用玛瑙花纹和颜色的变化进行精雕细琢，俏色搭配，常使普通的玛瑙跃身成为艺术珍品。

一、玉髓的基本特征

(1)化学成分：SiO_2，含微量的其他元素时，能使玉髓显出各种颜色。

(2)颜色：无色、黄色、紫色等多种颜色。

(3)硬度：6.5～7。

(4)相对密度：2.55～2.70。

(5)光泽：油脂光泽—玻璃光泽。

(6) 折射率：1.535～1.539，点测为1.53或1.54。

(7)放大检查：隐晶质结构

二、玉髓的评价

玉髓中质量较好的两个品种是澳大利亚产的绿玉髓(又称澳玉)，我国台湾产的蓝玉髓。

以结构细腻、颜色纯正均匀、无瑕疵为上品。绿玉髓以较鲜艳的苹果绿色为佳；蓝玉髓以天蓝色为佳。

红色为玛瑙的代表色。红玛瑙是各色玛瑙中之上品。

红、白或黑、白条带相间，其条纹宽窄不一，宽如带的称缟玛瑙；细如丝，非常俏丽的称缠丝玛瑙。定为八月生辰石，象征着夫妻恩爱、和谐幸福。

颜色由黑白相间的花纹构成，具平行层状结构的称缟玛瑙。

出现苔藓状、树枝状、羊齿植物状的花纹，像黄绿色的水草，称水草玛瑙，又称苔藓玛瑙。

玛瑙中含水者称之水胆玛瑙，胆大水多者为珍品，透明度越好越佳，为玉雕之良材。水胆玛瑙应放置于潮湿环境中，以免水胆蒸发。

玛瑙具有多孔特性，灰色和白色玛瑙易染成各种颜色，或在原色基础上使颜色更鲜艳醒目，利于销售。浅褐红色，颜色不均匀的玛瑙，在空气中直接加热，可以产生较均匀、较鲜艳的红色。玛瑙的热处理和染色，已被人们接受，按国家标准不需鉴别。

三、玉髓的产地

绿色玉髓也称“澳洲玉”，著名产地为澳大利亚。我国台湾是高品质蓝玉髓的产地。

玛瑙著名的产地有巴西、印度、美国、俄罗斯、澳大利亚、埃及等地。我国主要产地为黑龙江、辽宁、内蒙古、河北、宁夏、新疆、湖北、山东、西藏等省，可称为广泛产出。

第十七节 木变石(Tiger’s－eye)

木变石主要矿物为石英，原矿物为蓝色钠闪石石棉。木变石是保留了石棉纤维状结构的石英集合体。因为它的颜色和纹理与树木非常相似而得名。

一、木变石的基本特征

(1)化学成分：SiO_2。

(2)颜色：虎睛石呈棕黄、棕至红棕色；鹰眼石呈灰蓝、暗灰蓝。

(3)硬度：7。

(4)相对密度：2.64～2.71。

(5)光泽：抛光面呈蜡状光泽；断口呈玻璃至丝绢光泽

(6)折射率：1.544～1.553，点测法常为1.53或1.54。

(7)放大检查：晶质集合体，常呈纤维状结构。

二、常见的木变石

(1)虎睛石。虎睛石可具波状纤维结构，黄色或棕至红棕色，当琢磨成凸面型宝石时，因有游彩，似“虎眼”而得名。

(2)鹰眼石。呈蓝色、蓝绿色、蓝灰色。鹰眼石纤维清晰，当琢磨成凸面型宝石时，因有游彩，似“鹰眼”而得名。

三、木变石的产地

木变石主要产在南非和巴西，我国河南也有少量产出。

第十八节 石英岩(Quartzite)

石英岩一般呈致密块或呈微粒状集合体，是市场中常见的中低档玉，但如果构思巧妙，工艺精细，俏色独到，也可以成为极具价值的高档工艺品。如我国传统玉雕作品“虾盘”、“龙盘”都是国宝级的珍品。

一、石英岩的基本特征

(1)化学成分：SiO_2。

(2)颜色:纯净者无色,常因含细小的有色包裹体而呈多种颜色,如绿色、灰色、黄色、褐色等。

(3)硬度:7。

(4)相对密度:2.64～2.71。

(5)光泽:油脂光泽—玻璃光泽。

(6)折射率:1.544～1.553,点测法常为1.54。

(7)放大检查:粒状结构,可含云母或其他矿物包体。

二、常见的石英岩玉

(1)东陵石。东陵石为一种具有砂金效应的石英岩,颜色因其所包含杂质矿物的不同而不同。含铬云母者呈现绿色,称为绿色东陵石;含蓝线石者,称为蓝色东陵石;含锂云母者呈现紫色,称为紫色东陵石。东陵石为粒状结构,颗粒较粗,在阳光下可见到一种闪闪发光的砂金效应。国内市场上最常见的是绿色东陵石,放大镜下可以见到粗大的铬云母片,大致呈定向排列,在滤色镜下变红。

(2)密玉。因产自河南密县而得名,为一种含细小鳞片状绢云母的致密石英岩,颜色从白色至灰绿、黄绿、翠绿、蓝绿、红色等,色不明快,但颜色均匀,石英颗粒较细,没有明显的砂金效应,在高倍镜下可见细小的绿色云母较均匀地呈网状分布。国家标准无此称谓。

三、石英岩的评价

质量高的石英岩玉应该是颜色均匀,且能形成一定的图案、花纹;质地颗粒均匀,粒度细腻,结合致密;有一定的透明度;还应有一定的块度;再就是巧妙的构思和精湛的加工工艺可以赋予其很高的价值。

四、石英岩的鉴别

石英岩的仿制品主要是玻璃,鉴别的方法主要是这类玻璃的折射率、密度较石英岩低,并可含有气泡,偏光镜下表现为完全消光。

石英岩早期常被充当翡翠,尤其是染色石英岩,根据其折射率、相对密度和结构还是易于区别的。

五、石英岩的产地

石英岩产出广泛,几乎世界各地都有。我国主要产地有贵州晴隆、山西等地。

第十九节　独山玉(Dushan yu)

独山玉有南阳翡翠之称,是一种主要玉雕材料,其优质的工艺品深受国内外欢迎,为畅销的优质玉料制品之一。独山玉因产于中国河南省南阳市北处的独山而得名,简称独玉,又名南阳玉,驰名中外。

一、独山玉的基本特征

独山玉主要组成矿物为斜长石等。硬度6～7，相对密度2.70～3.09，一般为2.90，折射率1.56～1.70，微透明到不透明，玻璃光泽，抛光面呈油脂光泽。

独山玉颜色非常复杂，各色相互浸染交错是其特点。主要颜色为绿色、白色、紫色、黄色和杂色等，其中以绿色为上，主要分为白独玉、绿独玉、黄褐色独玉和紫独玉等。

二、独山玉的评价

独山玉评价可从颜色、质地、透明度、光泽、净度和重量大小等几方面进行。

优质独山玉的颜色为白色和绿色，近透明或微透明，质地细腻，无裂纹，无杂质。反之，颜色杂，色调暗，光泽为玻璃光泽，不透明，有裂纹，有杂质的独山玉为下等品。

独山玉的颜色不但多而且往往混杂在一起，一块料上往往有多种颜色，如果颜色搭配协调美观，将增加其价值。利用好俏色是用玉的关键。

在其他品质相同的情况下，块体重量当然越大越好。

三、独山玉的产地

河南南阳至今仍是独山玉最重要的产地。近年在四川和新疆，均发现了与独山玉成分相似的新玉料，但组成矿物有所不同。独山玉开采加工的历史很长，据考证，独山玉的使用已有6 000多年的历史。目前，南阳地区玉雕业更是兴旺发达，从事玉雕业的人员已达20万之多。

第二十节　蛇纹石玉（岫玉 Serpentine）

一、蛇纹石玉的基本特征

蛇纹石玉呈致密块状体。硬度2.5～6，性脆，相对密度约2.60，折射率1.56～1.57，蜡状至玻璃光泽，半透明到不透明，颜色以黄绿、青绿色为主，其深浅有变化，有果绿、淡绿、黄绿、灰绿、褐黄、褐黄红等色。具絮状、网状结构，常见明显的丝絮状物和像白色云朵般的花斑。

二、蛇纹石玉的评价

评价蛇纹石玉品质的标准是：颜色、透明度、裂纹、杂质及块度。优质的蛇纹石玉碧绿色、黄绿色，颜色均匀，质地洁净，无裂纹，块体重量大为好。

黑绿色的，含蓝色、灰色条带和斑点的，有裂纹的，块度小的，为等外料。

三、蛇纹石玉的产地

蛇纹石玉的产地较多，除著名的岫岩外，甘肃酒泉、广东信宜等地也有产出。业内尚有一些以产地命名的俗称：产于新疆昆仑山的昆仑玉，台湾玉，朝鲜玉等。

第二十一节　绿松石(Turguoise)

传说绿松石最初由土耳其传到欧洲和波斯湾地区的,也称“土耳其玉”。是古老的宝石之一。大多数文明古国,都将绿松石视为珍品,对绿松石的喜爱更是经久不衰。在埃及、波斯湾地区、中国的西藏,绿松石至今仍是最为流行的神圣装饰物。人们把绿松石作为一种护身符,贴身佩戴,以驱灾避邪,他们相信,绿松石会给佩戴者带来幸福和好运气。

绿松石是一种雅俗共赏的宝石,它可以镶嵌在正规的传统首饰上,也可以随便地佩戴。铁线花纹提供了一种与绿松石颜色的天然反差,使人们更加喜爱。绿松石是十二月份诞生石,象征着“成功和必胜”。

一、绿松石的基本特征

绿松石晶体极为稀少,常呈块状或皮壳状,原石是不透明块状体,硬度 5～6,相对密度 2.40～2.90,随产地不同而有所变化。折射率 1.61～1.65,点测法常为 1.61,块状体为蜡状光泽、土状光泽,晶体为玻璃光泽,不透明。颜色有天蓝色、淡蓝色、灰蓝色、蓝绿色、绿、灰绿、土黄色。其中以天蓝色最为高贵。

二、绿松石的评价

绿松石的品质评价取决于颜色、质地、块度大小和形状等。

(1)颜色:最好的色调是天蓝色,其次是绿色,最忌的是灰、黄色。优质的天蓝色绿松石,还需具备鲜艳、纯正和均匀的颜色。

(2)结构:结构致密的绿松石具有较高的密度(2.80)和硬度(6),结构越致密,价值越高。那些密度低和硬度低的绿松石,其价值很低,一般要经过优化处理后才可使用。

绿松石中常具有特殊的褐黑色的花纹,俗称“铁线”。当铁线与绿松石构成美丽的图案时,其价值将大增,但当铁线太多又构不成美丽图案时,则价值将大减。

(3)透明度:绿松石大都是不透明的。有少量微透明甚至半透明者,其质量较高。

(4)块度大小:同样质量,块度越大越好;同样大小,还要看形状是否好。

绿松石一般可分:

瓷松:颜色为天蓝色,结构致密,质地细腻,具蜡状光泽,硬度大(5.5～6),密度高,是绿松石中的上品。

绿色松石:蓝绿到豆绿色,质感好,光泽强,硬度、密度都大,是一种中等质量的绿松石。

铁线松石:氧化铁线呈网脉状或浸染状分布在绿松石中。如质硬的绿松石内有铁线的分布,能构成美丽的图案。

泡松(面松):为一种月白色、浅蓝白色绿松石,色不好,光泽差,硬度低(4),手感轻,是一种低档绿松石。这类绿松石常用人工处理来提高质量。

三、绿松石的产地

我国绿松石主要产地有湖北、陕西、青海等地,其中湖北产的优质绿松石中外著名。国外主要产地有土耳其、伊朗、美国、阿富汗及澳大利亚。伊朗和美国的产量最多,质量也比较好。

第二十二节　青金石（Lapis Lazuli）

青金石一名来源于古波斯语。“青”代表宝石的颜色，“金”代表其中的黄铁矿。青金石早在数千年前为伊朗、埃及和印度的人们用作宝石，并深受帝王的器重，同时也深受东方民族，特别是阿拉伯人的喜爱。

一、青金石的基本特征

青金石因其艳蓝色伴有黄铁矿小颗粒的金星而得名。青金石为致密块状集合体，细粒—隐晶质结构，硬度 5～6，相对密度 2.50～3.00，折射率 1.50。性脆，受击易碎裂，不透明。颜色呈天蓝色、浅蓝色和蓝紫色，以纯深蓝色为最佳。

青金石颜色深沉而稳重，可制作仿青铜器的制品。青金石除作宝石材料外，还是一种画色和染料。

二、青金石的评价

青金石中质纯色浓者为最佳品，称“青金”。颜色为暗蓝、艳蓝、深蓝、藏蓝，质密而细，无杂质白斑，一般没有金星或少有金星，“青金不带金”者就是这一种。

质量差的青金石常染色以提高颜色效果，当染色深度不大，具有明显的染色痕迹时，还是易于区别的。染色的青金石销售时应标注“处理”。

此外，也可上蜡来改变颜色和光泽。

市场上常出售的“瑞士青金”实际上是染色玉髓。

三、青金石的产地

阿富汗为最著名的青金石生产国。

第二十三节　孔雀石（Malachite）

一、孔雀石的基本特征

孔雀石常见鲜艳的微蓝绿至绿色，硬度 3.5～4，相对密度 3.25～4.10，折射率 1.655～1.909，玻璃光泽到丝绢光泽，不透明。颜色花纹犹如孔雀的绿色羽翎，因而称孔雀石。颜色呈同心环状或条带状是孔雀石的典型特征。

二、孔雀石的评价

对于孔雀石的要求是颜色鲜艳，色带或纹带清晰，块体致密无孔洞，且块度越大越好。

孔雀石常加工成首饰和玉器雕刻品。首饰有戒指（弧面型）、项链、吊坠等。孔雀石的设计以粗犷为主，玉器雕件多取兽和器皿造型，也作人物花卉产品。制作中常把同心环状花纹，用在大面上，以显示花纹的美丽。

孔雀石还是上等中国画颜料，画在纸上经久不褪色。

三、孔雀石的产地

世界上孔雀石主要产地有赞比亚、澳大利亚、纳米比亚、西伯利亚、美国等地。我国孔雀石主要产于海南石碌、湖北大冶、赣西北等地。

第二十四节 鸡血石(Chicken - blood stone)

鸡血石是中国“国石”和“印石三宝”之一，并享有“印石皇后”的美称，主要用作印章和工艺雕刻品，有雅俗共赏的品格、丰富的文化内涵和诱人的艺术魅力，在玉雕工艺中形成了“鸡血”雕独特流派，其作品以“瑰丽、精巧、高雅、多姿”著称。毛泽东、周恩来都曾将鸡血石选为国礼赠送外宾。

一、鸡血石的基本特征

鸡血石的矿物组分为地开石、高岭石、叶蜡石、辰砂及少量的赤铁矿和石英。由“地”和“血”两个部分组成，“地”常呈白色、灰白、灰黄白、灰黄、褐黄等色，“血”呈鲜红、朱红、暗色等红色，由辰砂的颜色、含量、粒度及分布状态决定，氧化后会变黑。硬度 2～3，非均质集合体，相对密度 2.53～2.68。折射率“地”约 1.56(点测法)，“血”大于 1.81。放大检查可见“血”呈微细粒或细粒状，成片或零星分布于“地”中。

按产地分昌化鸡血石和巴林鸡血石。

鸡血石有“南血北地”之说。“南血”是指南方产的昌化鸡血石，血色鲜艳而纯正；“北地”是指北方产的巴林鸡血石，质地细腻温润，极少硬块(钉)，易于雕刻。

此外，昌化鸡血石中的鸡血与周围非鸡血颜色往往绝然分开，血形分布具明显的方向性，高档品血聚集程度高。而巴林鸡血石中的鸡血与周围非鸡血部分颜色往往逐渐过渡，血不具方向性，血形比较分散，巴林鸡血石见光后颜色常变为暗红色。

昌化鸡血石中经常有石英斑晶，俗称钉；而巴林鸡血石中无石英斑晶。

二、鸡血石的评价

鸡血石经济价值很高，国内外均享有盛誉。

鸡血石评价首先看血，以血多而浓、色艳、形美为佳。如印石血色全而红为上品，称为“大红袍”；四面红次之；顶脚红、单面红、局部红更次之。

其次看质地，质地一般由颜色、透明度、光泽、硬度决定。通常有冻地、软地、刚地、硬地之分。其中以冻地最佳，它有白、粉、黄、灰、绿、黑等颜色，而又以色白如玉、纯净剔透的羊脂冻地为最上品。

鸡血石以色匀、透明度高、硬度低、质细腻为好。

瑕疵直接影响鸡血石的品质，以杂质、裂绺少为好。

三、鸡血石的鉴别

由于鸡血石资源日趋枯竭，产量越来越少，价格日益上涨。在高额利润的驱使下，鸡血石的处理及仿制相继出现，常见的处理方法如下：

充填处理是用胶或树脂将红色颜料或辰砂粉填充于裂隙或凹坑中，干燥后涂上一层树脂。表面呈蜡状或油脂光泽，热针可熔，可见“血”颜色单一，多沿裂隙或凹坑分布，染料颗粒无定形，浮于胶中。

覆膜处理是用辰砂粉或红色颜料与胶混合，涂于表层以增加“血”色。可见“血”色飘浮于透明层中，偶见涂刷痕迹。

拼接、镶嵌处理是将有血的鸡血石薄片用胶水拼接、镶嵌在鸡血石无血部位，并做雕刻或抛光。这种鸡血石质地花纹和血形分布走向不自然、不连续，仔细观察可见结合部的拼接、镶嵌痕迹。

仿鸡血石是用人工合成材料或无色的鸡血石粉末，加上辰砂粉或红色颜料胶合压制而成。其鉴别方法是仔细观察结构特征，如地颜色单调，几乎不透明，血形分布异常，密度特征也不同，触摸有温感等等。

四、鸡血石的产地

鸡血石是中国特有的玉石品种。我国鸡血石主要产于浙江临安昌化以及内蒙古巴林两地。

第二十五节　寿山石(田黄)(Larderite，Tian huang)

寿山石因产于福建寿山而得名。其中寿山石中之珍品“田黄石”更有“一两田黄十两金”之说，被尊为“石中之王”，是我国特有的珍贵玉石品种。

一、寿山石的基本特征

寿山石主要矿物为迪开石、高岭石、珍珠陶土、伊利石、叶蜡石等。

一般呈白色、黄色、红色、褐色、浅蓝色、浅绿或灰色，常呈隐晶质致密块体，具有油脂光泽，触及有滑腻感。折射率 1.56(点测)，硬度 2～3，相对密度 2.5～2.7，非均质集合体。

寿山石通常分田坑石、水坑石和山坑石三大类，以质地较差的山坑石为多，田坑石质优的量少。田坑石指产于水田中零散的寿山石，其中产于中坂田的各种黄色田坑石称为“田黄”。田黄常具特殊的“萝卜纹”状条纹构造。

水坑石为寿山南面的坑头矿脉产出的寿山石。按透明程度及其具有的花纹分坑头冻、鱼脑冻、桃花冻、玛瑙冻等品种。

山坑石指周围矿山产出的寿山石。

二、寿山石的评价

寿山石品种丰富，石质优良，历史悠久，名闻遐迩。

优质的寿山石，质地要细腻，透明度要高，色泽纯正鲜艳，花纹图案美观，纯净，无裂缝，无石钉等，以具备石之六德，即“细、洁、润、腻、温、凝”为极品。“细、洁”就是要求质地细腻、纯净，如上好的田黄除了萝卜纹，没有一点杂质；“温、润”指如玉之蕴，给人温婉、润泽、可亲之感；而“凝、腻”指肌理具半透明的通灵感，具有油脂光泽，触及有滑腻感。

田黄若质地细腻,半透明或透明者称田黄冻;白色者称白田;白田外层具有黄色的又称作金裹银;红色者称为红田;黑色者称为黑田。为寿山石中之珍品。

寿山石的块度越大越好。

三、寿山石的产地

寿山石主要产于福建福州寿山乡。

第二十六节　青田石(Qingtianstone)

青田石因产于浙江省青田县山口村而得名。青田石色彩丰富,光泽秀润,质地细腻,软硬适中,可雕性极强,既是最佳的印材,又是最理想的工艺雕刻石。

青田石雕因材施艺,因色取俏,运用多层次镂雕技艺,创作出许多五彩缤纷、玲珑剔透的艺术珍品,使青田石雕名闻遐迩,被大量选为国礼。

一、青田石的基本特征

青田石主要矿物为叶蜡石、迪开石、高岭石等。

青田石颜色丰富,花纹奇特,常见浅绿、浅黄、白、灰等色。玻璃光泽,块状呈油脂光泽,折射率为 1.53～1.60,硬度 1.0～1.5,相对密度 2.65～2.90。

青田石也按石质、颜色、纹理可分出 20 多个品种,其中以封门青、灯光绿和五彩冻最为珍贵。

封门青:也称为凤凰青,质地细腻,透明度高,呈浅翠绿色。

灯光绿:又称灯光冻,质地类似牛角,在灯光照射下完全透明。

五彩冻:质地细腻,近于透明,因在同一样品上可有多种绚丽色彩而得名。

技艺高超的工匠常利用青田石特有的色彩,充分地利用巧色,创造出各种各样的花鸟、人物、山水、香炉、宝塔等雕刻工艺品。

二、青田石的评价

青田石以油脂状的冻石为上品,细腻亮泽不冻者为中品,粗糙无光者为下品。

单色的青田石应以石质细腻、纯净、无杂质、无裂痕的冻石为佳品;石质较细腻、基本纯净、无裂痕者为中品;石质粗、光润不足、有裂痕者为下品。

彩色的青田石应以色形美观、色泽光润、质地细腻、无裂痕者为佳品;色泽灰暗、色形杂乱、质地粗糙或有明显裂痕者为下品。

评价青田石雕作品,首先是造型,继而是石质、石色,再是题材内容及技巧。一件好的石雕作品,应该是立意新颖、造型美观、石色利用巧妙、石质上乘、技艺精湛。

三、青田石的产地

青田石主要产在浙江省青田县的山口镇至方山乡一带,质量上乘,多出产名石。

第二十七节 珍珠(Pearl)

珍珠是一种古老的有机宝石,在现代珠宝业中有着“宝石皇后”的美称。它不需要任何琢磨,就能显示其特殊的异彩,它以高雅、温馨、瑰丽的风采而令人钟爱。

珍珠的成分中含有一些有机质,并含有多种微量元素和十多种氨基酸。珍珠具有安神镇静、清肝明目、美容生肌等特殊功能,以珍珠制成的药品、饮料及日用化妆品深受人们的喜爱。

一、珍珠的基本特征

(1)化学成分:珍珠的成分主要由碳酸钙、有机质和少量的水组成。

(2)硬度:2.5～4.5。折射率:1.530～1.685(天然),1.500～1.685(养殖),多为1.53～1.56。

(3)颜色:珍珠的颜色丰富多彩,由体色和伴色组成。如白色、浅黄色、粉红色、浅绿色、浅蓝色、灰色、古铜色、紫色和黑色等。根据珍珠的体色,可将其分为白色珍珠、黑色珍珠和彩色珍珠。

(4)光泽:珍珠光泽。

(5)发光性:在长波紫外光下,大多数天然珍珠呈现浅蓝色、浅黄色、浅绿色或浅粉红色光,天然黑珍珠呈浅粉红色到浅红色荧光,而人工染色黑珍珠常呈惰性或发浅白色荧光。

(6)放大检查:同心放射层状结构,表面可见生长纹理。

二、珍珠的评价

珍珠质量的好坏、价值的高低,决定于颜色、光泽、透明度、形状、尺寸大小。评价珍珠优劣的工作,要避开阳光直射,在明亮的自然光线下进行。

(1)光泽。优质珍珠表面应有均匀的强珍珠光泽并带有彩虹般的晕彩。一般来说,珍珠层越厚、光泽越强、表面越柔润的珍珠越好。

(2)颜色。中国人大都偏爱白色珍珠,色泽愈白愈珍贵。玫瑰红色、淡玫瑰红色和粉白也是大众最欢迎的颜色。而黑色的珍珠同样是珠中珍品,受世界时尚潮流影响,一些年轻人比较偏爱黑色珍珠,因其产量较少,显得尤为珍贵且价格不菲。

(3)形状。珍珠以正圆为最好,近圆次之,梨形、长圆形、半圆形形状也备受人们欢迎。有些异形珠,若色泽、大小理想,通过设计,也能镶出情趣盎然的饰品。

(4)尺寸大小。珍珠的大小决定其本身的价值,故而是珍珠评价的最主要因素。珍珠一般越大越稀有,也就越昂贵。

(5)瑕疵。珍珠多带有瑕疵,表面瑕疵愈少,品质愈佳。通常经过人工处理将不好或多余的部分去掉。

(6)搭配。对珍珠首饰而言,除了每颗珍珠的品质外,以所有珍珠搭配协调为好,即总体上的相似性和外观上的协调一致性为好。

三、珍珠的鉴别

目前市场上以假乱真的仿珍珠相当多,真假珍珠的区分便相当重要。

仿珍珠多半用塑料或玻璃做核心，表面涂上鱼鳞粉，和真的珍珠有较大的区别。仿珍珠规格尺寸一致，大小一致，光泽一致，在天然或养殖的珍珠中很难有这样一致的品质；真的珍珠会在紫外线灯光照射下发出荧光；真珍珠用放大镜可以看到珍珠层的纹理，仿制品则没有；真珍珠在摩擦表皮时会有一些涩的感觉，仿制品则很滑溜；同样尺寸大小的珠串，天然和仿制品的手感不一样。因此，真假珍珠的区别还是比较容易的。

天然珍珠与养殖珍珠则比较难区别。

天然珍珠内外一致，养殖珍珠有人工植核，内外不一致；有钻孔的珍珠可以用放大镜观察其内部，天然珍珠会看到一层一层的珍珠堆积层，由里至外基本一致，养殖珍珠则可看到表层的珍珠层和里面不同的核心；天然珍珠形成的时间长，珍珠层结构紧密，质地细腻、滋润，光泽柔和，养殖珍珠形成时间短，珍珠层薄，显得结构松懈，表面光泽亮而浮，欠滋润；天然珍珠因异物的外形造成圆珠少，非圆珠多，大颗粒少，小颗粒多，养殖珍珠由人工栽入圆核，以圆形居多。

四、珍珠的保养

珍珠娇柔易损，应该很好保养以免受损而失去迷人的光泽。具体应注意如下：

(1)无论是佩戴还是保存，都要避免与粗糙硬件摩擦，以免划伤。

(2)宜经常佩戴，让珍珠接触皮肤，但不宜戴珍珠饰品在室外游泳，晒日光浴等。

(3)经常保持珍珠饰品的清洁，尤其是夏季出汗季节。应避免与各种化学用品、酸性果汁、厨房调料、各种化妆品、香水、发油等接触，如有粘染，应及时清洗。

(4)珍珠如不佩戴时，应放入清水中漂洗，然后用软干毛巾擦净，放在通风的地方凉干，以恢复珍珠的光泽，再放入柔软的丝绢小包内单独保存。

(5)如发现线有部分松散，可去有关店、柜换线，以防线断开导致珍珠散落，经常配戴的珍珠项链更应每3～5年换一次线。

五、珍珠的形成及产地

珍珠诞生在江河湖海的蚌壳里。按国家标准可分天然珍珠与养殖珍珠(简称珍珠)，据形成的水域不同各自又可分天然海水珍珠与天然淡水珍珠、海水养殖珍珠与淡水养殖珍珠(简称海水珍珠与淡水珍珠)。

最有价值的天然珍珠是由海水软体动物产生的天然海水珍珠。天然淡水珍珠的软体动物生长在江河及淡水湖里。

当某些异物，如小砂粒或小寄生虫侵入到软体动物(蚌)时，因受刺激，软体动物(蚌)便不断地分泌出许多粘液(即珍珠质)、把这些异物一层层地包裹起来。经过相当一段时间，便形成了珍珠。珍珠的大小，取决于软体动物(蚌)的大小、生活的水温、成活时间的长短。

天然珍珠是在偶然的情况下形成的，产量小，满足不了人们的需要，于是便有了人工养殖的技术。养殖过程包括母蚌的采集和培养、人工插核、手术母蚌的护理及养殖。

母蚌可从好几米深的海底捕捉，也可采取人工育苗的方法繁殖。人工插核时间一般选择在春夏之际，将珠核插入母蚌的外套膜内。珠核有两种，一种用淡水贝壳制成圆形小球，长出的珍珠为有核珍珠；另一种珠核采用蚌内的外套膜小片，长出的珍珠为无核珠。一般将手术过的母蚌排成列，夹入竹编之网内，吊起来垂放进江河湖海里，母蚌从水中吸收钙质，用来制造珍珠层。经过2～5年时间的悉心照料，每年冬季(11月至12月)收获，这时收获的珍珠品质为最好。

海水养殖珍珠以有核养殖珍珠为主，颜色有银白、粉红、金黄、银灰等，年产量不高，珠大润者价格昂贵，我国南海珍珠以其颗粒大、形状规则、光泽绚丽、颜色典雅、珍珠层厚和瑕疵少等特点而闻名于世。我国广西、广东、海南、福建沿海已成为大型海水养殖珍珠中心。

淡水养殖珍珠以无核养殖珍珠为主，其形状有圆、半圆、长圆，色多为白、褐、紫、紫蓝、橙黄、棕灰等。淡水养殖珍珠以浙江、江苏、江西、湖南、湖北等地为主。浙江诸暨是我国最大的淡水养殖珍珠的基地，每年出口的淡水养殖珍珠占全国产量的80%以上。

日本沿海及琵琶湖是养殖珍珠的基地，所谓“东珠”就产于日本。

波斯湾是世界著名的珍珠产地之一，尤其是伊朗、阿曼、沙特阿拉伯的近海岸地带，该地区产的珍珠也称“波斯珠”。塔希提是黑珍珠的产地之一。而澳大利亚的淡水湖中所产出的一种银白色珍珠，在国际市场上称“澳洲珠”，也颇具盛名。

第二十八节 珊瑚（Coral）

珊瑚生长在特定海域环境中，由珊瑚虫分泌出来的钙质形成的树枝状集合体，有“火树”之称，它与金、银、珍珠、玛瑙、琥珀、琉璃并列为佛教七宝。其中又以红珊瑚最为珍贵，被视为海中珍宝，藏中极品。珊瑚是工艺美术雕刻的重要原材料之一，也是中医的一味明目定惊的药材。

一、珊瑚的基本特征

珊瑚的化学成分为碳酸盐 $CaCO_3$，具有玻璃光泽至蜡状光泽，不透明至半透明，折射率1.486～1.658，硬度3.5～4，相对密度1.35～2.65（黑色珊瑚较低，为1.34），性脆，遇盐酸强烈起泡，无荧光。颜色有蓝、红、粉红、橙、白色，其中红色和粉红色最受欢迎，黑色的角质珊瑚极少见。红色是由于珊瑚在生长过程中吸收海水中1%左右的氧化铁而形成的，黑色则是由于含有有机质。

二、珊瑚的评价

颜色和块度是珊瑚评价的依据。有颜色的比白色的质量高，颜色要求美丽、鲜艳而纯正，以红珊瑚最为珍贵。珊瑚块度越大越好。珊瑚的价值还受到各个地方习俗的影响，如阿拉伯人偏爱鲜红色，而欧洲流行粉红色。

三、珊瑚的鉴别

碳酸钙质珊瑚具有树枝状结构，表面有小孔，横切面呈放射状，当切成小圆珠、半圆珠时可见树枝结构的现象。与稀盐酸反应能产出大量的气泡。

染色大理岩仿珊瑚：呈均匀的红色，具粒状结构，横断面无同心圆状构造，无不均匀条纹，用棉签蘸丙酮擦拭，棉签上呈现红色。

粉红色玻璃仿珊瑚：玻璃光泽，含有气泡，遇盐酸不起泡，贝壳状断口，而珊瑚的断口光滑。粉色塑料仿珊瑚：不具备珊瑚所特有的条带状构造，有使用模具留下的痕迹，遇盐酸不起泡。

“吉尔森”合成珊瑚:微细粒状结构,见不到天然珊瑚的颜色或透明度略有差异的条带状结构,相对密度 2.45,较天然珊瑚小。

四、珊瑚的产地

珊瑚是温暖海洋的产物,产于赤道和近赤道区的海水中。从传统的观点讲,优质珊瑚的重要产地是地中海,非洲的红海素以多珊瑚礁著称。另外,还有西班牙、日本海、中国台湾基隆和澎湖列岛均有质量好的珊瑚。全世界红珊瑚产量的 80%产自台湾。

第二十九节　琥珀(Amber)

琥珀既轻又美,为人们所欣赏。自 13 世纪以来广泛用于制作装饰品。它是针叶树木的石化树脂,这种树木生活在约 3000 万年以前。

一、琥珀的基本特征

琥珀是一种有机质化合物,非晶质体,呈不规则团块,硬度 2～2.5,相对密度约 1.08,折射率约 1.54,树脂光泽,透明至亚半透明体,颜色多为黄至褐色、浅红至浅白色,有时为浅绿或浅蓝色,放大检查可见气泡、流动线、昆虫或动植物碎片以及其他有机和无机包体。良绝缘体,如用力摩擦能生电,充电后能吸附纸片等。

二、琥珀的评价

琥珀的品质评价从颜色、透明度、包裹体及块度四个方面进行。

颜色:以绿色和较纯正的红色琥珀为上品,其次为金黄色、黄色。

透明度:晶莹剔透者为上品,半透明到不透明者品质依次下降。

包裹体:琥珀中常含丰富的动植物包裹体,要求昆虫或植物的形态完整、清晰。

块度:具有一定的块度为佳。

三、琥珀的鉴别

琥珀常含有植物碎屑、昆虫、蜘蛛、小动物和气泡等,不仅具观赏价值,还具有研究价值。

琥珀的热处理是将不透明的或云雾状的琥珀置于植物油中进行加热,使其变得透明并减少部分杂质。琥珀在加热过程中会有呈圆盘状分布放射状裂纹,俗称“太阳光芒”。“太阳光芒”多分布于两相包裹体周围或裂隙处。热处理琥珀颜色多呈黄色、棕色、红色,内部极少有气泡存在,干净、透明;有时可见细微气泡构成的云层,时间久了会使表面产生细纹;在乙醚中无反应。

再造琥珀是由琥珀碎屑经加热、加压固结而成。多为橙黄或橙红色,老式工艺压制的再造琥珀存在明显的流动构造,内含气泡,气泡沿一个方向拉长集中形成云雾状条带;新式工艺压制的再造琥珀无气泡,无云雾区域;有些压制品透明均一,有未溶物,可见粒状结构;在乙醚中浸泡几分钟后会变软。

现在市场上有许多仿琥珀,如把昆虫及蜘蛛、小动物和气泡等包裹在树脂中的是人造琥珀,应加以区别。

四、琥珀的产地

琥珀产于煤系地层及滨海砂矿中。主要来源地为波罗的海南岸一带。如前苏联、波兰、德国、丹麦等。

我国的琥珀产出品种有浅褐、褐、红褐、黄、黑褐色等，主要产于东北抚顺煤矿等煤系地层中。

第三十节　象牙（Ivory）

象牙为历代达官显贵所钟爱。象牙常被雕刻成装饰品，我国曾是牙雕制品的主要出口国，由于大象属于国际禁止捕杀动物，象牙的公开交易也属违法，象牙工艺品也越来越少，故而越显珍贵。

一、象牙的基本特征

象牙，性软但韧性好，硬度 2～3，相对密度 1.70～2.00，折射率点测法常为 1.54，主要化学成分为磷酸钙，放大检查可见波状结构纹，又称引擎纹效应。

二、象牙的评价

象牙的质量评价包括颜色、质量、质地和透明度四方面。象牙以纯白色、半透明、质地致密、坚韧、纹理线细而质量大者为优。

象牙工艺品多雕工精湛，我国以玲珑剔透的镂雕技法闻名于世。一块完整的牙料，层层叠叠的球形薄壳，每层薄壳都是转动自如的牙球，现在已有雕出 40～50 层球体的珍品牙雕，可谓稀世之宝。

三、象牙的鉴别

在象牙制品的表面，可以看到横段面上有交叉排列的纹理，称“旋转引擎纹”，又称牙纹。这是象牙的标记，可以区别于骨制品、塑料及其他仿制品。

四、象牙的产地

象牙主要产于非洲，如坦桑尼亚、埃塞俄比亚，其次是亚洲的泰国、缅甸、斯里兰卡。

国际上已有禁止捕杀大象、禁止象牙进出口交易、禁止象牙制品交易的公约。我国于 1993 年 1 月正式加入此公约。禁止象牙交易主要是为了保护濒临灭绝动物，保持地球生态平衡。

第六章　常见人工宝石及宝石优化处理

第一节　常见人工宝石

一、人工宝石制作方法简介

人工宝石是指完全或部分由人工生产或制造，用作首饰及装饰品的材料。包括合成宝石、人造宝石、拼合宝石和再造宝石。

人工宝石制造的常用方法有焰熔法、助熔剂法、水热法、提拉法、冷坩埚法等等。

焰熔法是用于宝石合成的第一种商业生产方法。它的特点是成本低、合成速度快，数小时内即可生长出 200 多克拉重的晶体，1904 年由法国化学家维尔纳叶（Vemeuil）研制成功，故此法也称维尔纳叶法。焰熔法是合成红宝石、合成蓝宝石、合成尖晶石和人造钛酸锶晶体最常用的方法。

助熔剂法也称熔盐法。20 世纪 30 年代由德国一家化学公司率先用于合成祖母绿制造。目前它主要用来合成祖母绿、红宝石、蓝宝石和变石等，也是合成宝石使用最多的一种方法。

水热法是人工模拟天然矿物在矿化水气液体中结晶过程的一种方法。它将原料置于封闭的高压釜中以水为溶剂，通过高温高压，使原料溶解于水中，随后在高压釜上端温度较低的部位，围绕预先设置的籽晶上重结晶长出晶体，故此法也称高压釜法。20 世纪 60 年代中期至 70 年代初常用此法制造祖母绿，现已大量用于工业上合成水晶，甚至用于合成红宝石、蓝宝石。

二、常见的合成宝石

1. 合成红宝石和合成蓝宝石

合成红宝石和合成蓝宝石可用焰熔法、提拉法、助熔剂法和水热法来制作。但大多数合成红宝石和合成蓝宝石是采用焰熔法来制造的，在无色透明的纯氧化铝粉末中加入适宜的铬（Cr）可合成红宝石；加入铁和钛则可合成蓝宝石。

合成的红宝石、蓝宝石与天然的红宝石、蓝宝石在物理、化学性质上几乎完全相同。两者的识别可通过晶体中的包裹体、生长纹和色带等特征加以区分。焰熔法合成红宝石、合成蓝宝石一般颜色较均一，内部洁净，缺陷少，可含未熔化氧化铝粉末包裹体和呈圆球形、泪滴形小气泡。由于合成的晶体是由上方滴落下来的熔液沿耐火棒四周一圈圈增生，因而合成的红宝石、蓝宝石横截面上还可见形似唱片一样的弧形生长环带或色带；而天然红宝石、蓝宝石含的包裹体比合成的多，气液固三态包体均有，且不同成因类型、不同产地红宝石、蓝宝石包裹体特征也不尽相同。可呈现的生长纹或色带一般较平直。

2. 合成祖母绿

合成祖母绿可通过助熔剂法和水热法制成。合成祖母绿与天然祖母绿性质接近，只是在颜色、密度、折射率和包裹体特征上有一定的差别。

合成祖母绿呈艳绿色，在透射光下泛红光，在滤色镜下呈红色，而天然祖母绿除个别品种（如哥伦比亚祖母绿）之外在透射光和滤色镜下一般都为绿色。多数合成祖母绿的相对密度为2.66，较天然祖母绿相对密度低。合成祖母绿的折射率为1.561～1.564，也较天然祖母绿折射率(1.577～1.583)低。天然祖母绿与合成祖母绿中包裹体不同。助熔剂法合成的祖母绿常见白色未完全熔化的熔质包裹体，呈云团状；还有弯曲形相互交叉的羽状液态包裹体，以及来自铂金坩埚的不透明的三角形铂金小碎片和带棱角的硅铍石包裹体。水热法合成的祖母绿，硅铍石包裹体则呈棉絮状、针状或钉状，且钉状包裹体总是相互平行的。

3. 合成钻石

宝石级合成钻石1970年由美国GE公司研制成功，它运用爆炸法，将石墨作为原料，添Fe、Ni、Co等元素，在超高温、超高压下进行快速反应来完成这一制造过程。之后，日本住友电子公司和戴比尔斯公司也先后合成了宝石级钻石。合成钻石大都显黄色、浅黄色，现已投放市场；无色或带蓝色的合成钻石，合成成本昂贵。合成钻石与天然钻石可根据下述特征来区分：合成钻石含白色似尘埃状或金属片包裹体，而天然钻石不具这一特征；合成钻石生长纹发育，天然钻石生长纹不发育；合成钻石（黄色除外）在短波紫外线下呈黄色或绿色强荧光，天然无色透明钻石一般呈淡蓝色、黄色等荧光，带色钻石多发淡绿、浅黄或浅紫色荧光；合成钻石无415nm吸收谱线，而天然钻石具特征的415nm吸收谱线；合成钻石，尤其是黄色者导电性常显示半导体特性，而天然钻石只有罕见的蓝色品种才有此性能。

4. 合成尖晶石

合成尖晶石常用焰熔法制成。在制作过程中加入不同的色素离子，可获得不同颜色的合成尖晶石。

焰熔法合成的尖晶石与天然的尖晶石差异较为明显：天然尖晶石呈八面体晶形，而合成尖晶石多呈梨状或棒状。从整体上看，合成尖晶石颜色浓艳、呆板，含杂质少，但可见气泡和“┵”状裂隙以及弧形生长带或色带。与天然的尖晶石相比，除锌尖晶石和富铬的红色尖晶石之外，合成的尖晶石的相对密度(3.64)和折射率(1.728)均高于天然尖晶石的相对密度(3.60)和折射率(1.718)。因而，易与天然尖晶石区别开来。

5. 合成水晶

合成水晶主要采用水热法制成。合成水晶其化学成分和物理特性与天然水晶基本相同，只是蓝色与绿色品种在自然界是没有的。水热法产出的水晶也能见六方柱、菱面体晶形，晶体中心有一片状籽晶晶核，晶面呈不平的阶梯状，一般透明度较好。色泽均一；而天然水晶透明度要差一些，带色的水晶（如紫晶）其颜色亦显不均匀，此外还常含星点状、云雾状或絮状气液包裹体，其密度也要比合成水晶低些。

6. 合成立方氧化锆

合成立方氧化锆被誉为20世纪70年代最佳的仿钻品。1976年由苏联科学物理研究所通过冷坩埚法制成。由于合成立方氧化锆在外观上与天然钻石极为相似，故也称它为“苏联钻石”。目前世界上许多国家都能生产这种合成立方氧化锆。区分钻石和合成立方氧化锆的关键是：一看色散，二比硬度，三测密度。合成立方氧化锆为金刚光泽，色散0.066，比钻石(0.044)还高，色彩不如钻石柔和；钻石硬度（摩氏硬度10）大，各个刻面边棱锐利清晰，合成立方氧化锆因硬度(8.5)低些,刻面边棱上可见圆化痕;合成立方氧化锆相对密度大(5.56～6.0),比钻石(3.52)大1.5倍以上。无论是手感,还是重液测试均可见分晓。

7. 合成碳硅石

合成碳硅石(亦称莫桑石)是美国北卡罗林那州C3公司新近研制成功的一种仿钻石。由于这种新型的仿钻材料其特性与天然钻石有诸多相似,如用热导仪测试呈钻石显示,检测时更得注意。合成碳硅石多呈浅黄色、浅灰蓝、浅灰绿色和中绿色等(完全无色者目前还较少见),有强的双折射率,透过冠部观看尖底附近的棱线,可见明显的重影现象。合成碳硅石硬度、相对密度均要低于钻石,分别为摩氏9.25和3.22,但它的色散值却大于钻石。长短波紫外线照射下也与钻石有所不同,钻石不显或显蓝色和其他各色的荧光反应,而合成碳硅石全无荧光反应。合成碳硅石可含小白点组成的线状包裹体,偶尔还可见暗色金属球状包裹体,电性测试具导电性,这些特征皆与钻石有着明显区别。

三、常见的人造宝石

1. 人造钛酸锶

钛酸锶可用焰熔法制成,20世纪50年代曾作为钻石的代用品。它具有"三高一低"的特点:即折射率高——2.41(钻石折射率2.42);色散高——0.19(钻石色散值0.044);相对密度高——5.13(钻石相对密度3.52);硬度却大大低于钻石,仅为5～6,可以同钻石区分开来。由于钛酸锶有着这样的特性,肉眼观察其每个刻面均能看到五彩缤纷的色彩,刻面边棱常有磨损圆化痕。同一大小颗粒,钛酸锶比起钻石来明显有重感。此外,紫外光下无荧光及放大镜下可见球形气泡,也可作为区分钻石的依据。

2. 人造钇铝榴石和钆镓榴石

钇铝榴石(YAG)与钆镓榴石(GGG)也是仿钻的极好材料,它们都可用提拉法得到。钇铝榴石硬度8.5,但色散值(0.028)、相对密度(4.58)与折射率(1.83)明显小于合成立方氧化锆,以此可将两者鉴别开来。钆镓榴石色散值(0.045)尽管与钻石(0.044)不相上下,但它的相对密度(7.05)约为钻石的两倍,手感明显加重,且在短波紫外线下发中—强的橙色荧光。这些特征既不同于天然钻石,又可同上述各种钻石代用品区别开来。

3. 玻璃和塑料

(1)玻璃。

用玻璃作为材料来仿造宝石是最古老的一种制作方法,经染色处理的合适的玻璃几乎可用来仿造所有透明或半透明的宝石,不过用作仿宝石的玻璃主要是冕牌玻璃和燧石玻璃两种。前者含氧化硅、氧化钠和氧化钙等,多数用于廉价玻璃仿造品;而后者含氧化铅,故亦称铅玻璃,常用作仿造高色散、高折射率的宝石。

不同化学成分的玻璃,虽其物理性质各有差异,但可依据下列特征将其与天然宝石区分开来。玻璃属非晶质体,光性上为均质体,各向同性。

玻璃的鉴别特征:

◇摩氏硬度为5～6,无解理,断口为贝壳状。

◇相对密度为2.30～4.50。

◇折射率为1.47～1.70。

◇紫外荧光弱至强，不具鉴定特征。

◇放大检查内含多种形状的气泡或不规则的漩涡纹，可见拉长的空管，“橘皮”效应，浑圆状刻面棱线，刻面有时可见凹坑等。

◇导热性差，触摸有温感。

值得注意的是，玻璃有时也会呈现出特殊的光学效应，如砂金、猫眼、星光、变色等效应。这是人为地在玻璃中添加某种物质的缘故，因而鉴定时更应细心，不要被假象所迷惑。

(2)塑料。

塑料是高分子化合物聚合作用形成的人造材料，也是常用作仿造品的一种材料，但由于塑料的物理特性与多数天然宝石差异较大，故容易鉴别。不过，塑料用来模仿有机宝石和蛋白石几乎能以假乱真，须特别小心。

塑料的鉴别特征：

◇非晶质体，光性特征为均质体，各向同性。

◇多显蜡状、玻璃光泽、透明至不透明。

◇摩氏硬度为1～3，无解理，相对密度为1.05～1.55。

◇折射率为1.46～1.70，紫外荧光从无到强。

◇放大检查内含气泡、流动线，刻面棱线常有圆化现象，表面可见凹坑、印痕，可见“橘皮”效应。

◇导热性差，触摸明显有温感，热针触及有异味，小刀可削切。

四、常见的拼合宝石和再造宝石

1. 拼合珍珠、拼合欧泊

拼和珍珠是指由两层或两层以上以珍珠为主要材料经人工拼合而成，且给人以整体印象的珍珠拼合石，用“拼合珍珠”的名称即可，不必逐层写出材料名称。

拼合欧泊是指由两层或两层以上以欧泊为主要材料经人工拼合而成，且给人以整体印象的欧泊拼合石，用“拼合欧泊”的名称即可，不必逐层写出材料名称。

检查可见拼合缝。

2. 再造琥珀

将琥珀的碎块或碎屑经加热熔接或加压压结而成。多为橙黄或橙红色，老式工艺压制的再造琥珀存在明显的流动构造；新式工艺压制的再造琥珀无气泡，无云雾区域；有些压制品透明均一，有未溶物，可见粒状结构；在乙醚中浸泡几分钟后会变软。命名为再造琥珀。

第二节　宝石的优化处理

一、各种优化处理技术方法简介

自然界中色彩、质地和光泽俱佳的宝石是极为罕见的，许多宝石总存在着某些不尽人意的缺陷，以致影响它的价值。为了弥补和改善天然宝石材料这种先天的缺陷，人们利用现代科学技术对宝石进行优化处理。对宝石进行优化处理就是用现代物理学、化学的基本原理和方法来改善宝石的外观(如颜色、净度或特殊光学效应等)、耐久性或可用性。

具体来说,优化是指传统的、被人们广泛接受的使珠宝玉石潜在的美显示出来的一种优化处理的方法。常见的有热处理、漂白、浸蜡、浸无色油、染色处理(除玉髓、玛瑙外);而处理是指非传统的、尚不被人们接受的一种优化处理的方法。通常有浸有色油、充填处理(如玻璃、塑料或其他聚合物等硬质材料的充填)、浸蜡、染色处理、辐照处理、激光钻孔、覆膜处理以及表面扩散处理等方法。

1. 热处理

热处理是把宝石放入高温炉中加热,通过不同的温度条件来改变色素离子的含量和价态,调整晶体内部结构,消除部分瑕疵,以改变宝石的颜色(生色、增色或褪色)和透明度。热处理还可作为染色的前期处理,增加孔隙度;亦可以作为辐射的后期处理,增加颜色的稳定性;或改变及消除辐射的影响。

2. 表面扩散处理

表面扩散处理也是一种高温的优化处理方法。在处理过程中,不仅要对宝石进行加热,而且还要在宝石刻面的表面覆以相关的致色物质,将宝石加热至近于熔点的温度,然后保留在某一适宜的温度,使致色元素进入宝石内,而产生很薄的颜色层。由于温度过高,会造成表面损伤,故宝石还需轻微抛光。但不宜抛光过度,以免丢失颜色层。此法目前仅应用于红宝石、蓝宝石。

3. 染色处理

染色处理是用无机化合物或有机染料,通过化学反应或溶剂挥发而致色,使原先颜色不太理想的宝石材料变色,达到或接近优质天然宝石的色泽。染色处理过的宝石在检测时,须注意其颜色分布与裂隙和孔隙有关;吸收光谱和紫外荧光或许可以检测染色剂的存在,也可使用蘸有丙酮的棉球检测用有机染料染色的样品。

4. 充填处理

充填处理是通过特殊的方法将无色透明或有色物质注入到宝石的裂隙、孔洞和孔隙之中,以达到改善宝石的颜色、透明度,弥补各种缺陷,以及增强多孔宝石的稳固性的目的。无色注入的材料通常选用石蜡、植物油、无色塑料、玻璃、硅胶及树脂胶等,而有色注入除注入与无色注入相同的填充剂之外,还加入着色剂。鉴别这类注入充填处理宜在显微镜下用反射光进行观察,注意寻找充填物中的气泡,充填物与宝(玉)石光泽的细微差异,以及裂隙部位有轻微颜色轮廓(当充填物为有色物质)等证据。此外,着色剂如选用有机染料,长时间光照后会发生变色或褪色,注入的胶体也会随时间过久而老化,那就更易于鉴别。

5. 覆膜处理

对宝石表面处理常采用涂层、镀膜和贴箔的方法,其目的都是为了改善宝石的颜色状态和表面光洁度,增强宝石光泽及掩盖宝石表面凹坑、裂隙、擦痕等种种缺陷。

将一些涂料类的物质(常见的有油漆、蜡或混有染料的各种树脂胶等)涂于宝石表面,以至改善其外观面貌。通常要求涂层厚薄均匀,厚度在几微米到几百微米之间,表面光洁度高。

镀膜是一种较新的表面处理方法。它采用在分子或原子层次上运用沉淀技术、喷镀技术、晶体生长技术等高新技术在宝石表面铺设多层分子或原子膜,膜的厚度一般几纳米到几百纳米。膜是透明的，也可根据需要用带色的，因而镀膜处理的宝石不仅光泽度得以提高，还可使宝石增色。

贴箔通常是在宝石的底面贴上一块薄片状金属或有机物色箔，然后再封闭或镶嵌。

上述这些处理方法可借助放大镜等检测工具或某些化学试剂加以鉴别。

6. 辐射处理

辐射处理是指用原子微粒或放射性物质辐照宝石，使其晶体结构产生缺陷，进而来改变色心或产生色心，使宝石的颜色发生变化。

对于辐射处理的宝石，国内外均规定须将残余放射性衰减到安全值以下再进行加工和销售。

7. 激光钻孔处理

含深色包裹体的某些宝石因有碍观赏而影响销售。可采用激光技术从宝石表面最不易发现部位或至包裹体最近的点钻孔，用激光束烧熔包裹体或用氢氟酸漂洗包裹体，激光钻孔后再用高折射率材料充填孔道。低净度级别的钻石就有采取此法处理以提高其净度级别。

对宝石材料进行优化处理还有其他一些方法：如用化学漂白剂浸泡，使宝石（如珊瑚、珍珠等）的颜色变浅变白；用硝酸、盐酸和草酸的不同浓度来净化宝石表面的铁的氧化物；用化学沉淀法来改善宝石的体色；高温高压改善钻石颜色等等。随着科学的进步，宝石优化处理的技术必将有一个新的、更大的发展，给消费者提供选择更多更美的宝石的机会，但同时也给从事宝石鉴定的机构提出更多更深的研究课题。

第七章　珠宝玉石首饰常用贵金属基础知识

第一节　珠宝玉石首饰常用的贵金属

贵金属指金、银、铂、钌、铑、钯、锇、铱八种元素。

贵金属首饰是指以贵金属金、银、铂、钯为主要成分的首饰。

由于这些金属有不易褪色的绚丽的金属光泽，又容易加工成各种形状，因而人们就用金银制品作为装饰品佩戴在身上。近年来，铂首饰日渐增多，在首饰市场中占相当大的比例，钯首饰也开始在市场上崭露头角。

历史上一直将金银作为货币使用。虽然现在世界各国都使用纸币，但黄金的储备数量仍是一个国家国力的象征。世界贸易中，黄金仍然是主要支付手段。铂也被用作货币，如1833年沙皇俄国曾发行过铂金货币。我国和其他国家也曾经做过纪念性铂币，如中国的熊猫铂金币。

金、铂还广泛用于电子工业、航天工业、通讯、化工等领域。

贵金属元素在地球上含量稀少，分布分散，开采复杂，价格昂贵。如要得到1g金，需要开采近1t的矿石；每提纯1盎司(1盎司≈28.35g)铂，则需要开采10t左右的矿石。

世界黄金产量以俄罗斯、南非、美国、加拿大为多；铂主要产自加拿大，其次是俄罗斯和非洲，铂的产量远远低于黄金的产量。

我国的四大产金地为：胶东、豫西、黑龙江和陕甘川三角地带。

一、金

金的化学元素符号为Au，自然金是单质体，熔点1 065℃，沸点2 807℃。掺入银、铜等杂质，其熔点会下降，这一现象被利用在金的检验和首饰的制造中。如金首饰的制作中，为了焊接时不破坏主体花式，使用纯度为90%～95%的金作焊料，以降低其熔点。

金的相对密度大，为19.32，摩氏硬度为2.5，与人指甲的硬度相近。

金的韧性高、延展性好。金可锻压成极薄的金箔，运用现代技术可制成厚度为0.23×10^{-3}mm的金箔。这样的金箔在显微镜下观察仍然是致密的。金亦可拉成极细长的金丝，通常1g金可拉长到320m，而现代技术下可拉长达到3 420m。河北满城出土的金缕玉衣就是当时西汉中叶(公元前二世纪)人们用很细的金丝合股编制成的，金丝直径为0.14mm。

金具有金黄色金属光泽，其色彩辉煌，赏心悦目。而当金含有不同其他元素时，其颜色变化很大，多姿多彩的K金正因此而造就。

金会因掺入杂质而变硬变脆，尤其是铅的掺入影响最大。

金的化学性质稳定，通常条件下不易与其他物质发生化学反应生成化合物。金在空气中加热直到熔化也不会发生氧化反应。

金能溶于汞(水银)中,形成一种液态合金。因此,金首饰被汞沾污后表面会有白色斑点。

二、银

银的化学元素符号为Ag,其溶点较低,为961℃,沸点为2 163℃,相对密度为10.5,摩氏硬度为2.7。

银有良好的延展性,仅次于金。运用现代技术,1g银能拉制成1 800～2 000m的细丝,可轧成10^{-4}cm厚的银箔。

银最接近纯白色,有洁白悦目的金属光泽。银的化学性质比较稳定,在常温下不被氧化。在200℃以上时会被氧化。

银与含硫物质接触或暴露在含有二氧化硫、硫化氢的气体中会与硫发生反应,生成黑色硫化银(Ag_2S)。银能与砷化合成黑色砷化银,古代就是利用此性质,用银来检验食物中是否有砒霜(氧化砷)。

三、铂与钯

铂族元素包括钌(Ru)、铑(Rh)、钯(Pd)、锇(Os)、铱(Ir)、铂(Pt)六个元素,铂族元素又称为稀有元素。

铂族金属对可见光的反射率都较高,所以呈白色。它们都是难熔金属,熔点较高。铂族元素对酸的化学稳定性较高,钌、铑、锇、铱对酸的稳定性特别高。它们不仅不溶于普通强酸,甚至不溶于王水。钯和铂都能溶于王水。钯是铂族中较活泼的,它还可以溶于浓硝酸和热硫酸。铂族元素的一些基本性质列于表7-1。

表7-1　铂族元素的一些性质

名　称	钌	铑	钯	锇	铱	铂
符　号	Ru	Rh	Pd	Os	Ir	Pt
相对密度	12.30	12.42	12.03	22.7	22.05	21.45
熔点(℃)	2 427	1 966	1 552	2 727	2 454	1 772
沸点(℃)	3 727	3 727	2 964	4 230	4 130	3 827
颜　色	银白色	银白色	银白色	蓝灰色	银白色	银白色

铂的化学元素符号为Pt,相对密度在金属中最高,达21.45,摩氏硬度为4.3,色泽鲜明,呈银白色金属光泽。

铂有良好的导电性和导热性,具有很好的延展性和可锻性,接近于银和金,可轧成极薄的铂金箔,也能拉成极细的铂金丝。其延展性随着铂中杂质含量的增加而降低。

铂有很好的化学稳定性。致密的铂在空气中加热不会发生反应,因而不会失去原有光泽。在常温下,盐酸、硝酸、硫酸、氢氟酸以及有机酸都不与铂发生反应。加热时的硫酸对铂有反应。

钯的化学元素符号为Pd,熔点为1 550℃,硬度为4.5,相对密度为12.03,外观与铂相似。

近期由于首饰加工业对其性能的掌握,已经开始将钯作为首饰和艺术品用,并逐渐形成时尚。纯度范围规定为 Pd950、Pd500 两种。钯首饰不能被称作“钯金首饰”或“钯铂首饰”等。

四、铜和其他材料

铜的相对密度为 8.96，熔点为 1 083℃，化学性能比较活泼，容易氧化或硫化生成铜绿而变色，具有较好的可塑性和延展性。在饰品中，用铜为基材的镶嵌首饰，做工较为精致，其表面镀以 18K 金或 14K 金，配上人造宝石或(低档)宝石，成品效果和高档首饰相差不多，十分逼真。这类首饰仿制高档款式，可达到乱真的效果。

三种配以稀土材料的铜合金，即“亚金”、“稀金”、“晋金”，都不含黄金，不要与黄金混淆。

另一种是低温金属锌合金，其熔点在 300℃左右，用高温橡胶模通过离心制成黑胎，外表打磨光洁后，镀金或镀黄，粘上人工宝石后即成为明晃晃亮灿灿的时髦饰品。

五、贵金属的硬度

硬度是其抵抗物体刻划或压入其表面的能力。

摩氏硬度分成 10 级，是一种相对硬度。

如金、银、铂、钯的摩氏硬度分别为 2.5、2.7、4.3 和 4.5。

纯的贵金属金、银、铂、钯的硬度小，延展率较高，故易于加工。贵金属中添加合金元素，将提高贵金属的硬度、降低延展率。如:金的常用合金元素银、铜、钯、铂、镍等不同程度地提高了金合金硬度。铂中添加钯、铑、铱、锇、钌，对其硬度的提高将依次增加。

另外，加工对贵金属的硬度有影响。随着冷加工次数的增加，贵金属的硬度有所增加。

第二节　常见贵金属饰品及标识

贵金属稀少，名贵，性能稳定，不易腐蚀，又有光彩夺目的金属光泽，且柔软有韧性，易加工成各种形状。因而，自古以来就被用来制作装饰品。

首饰以其主要成分分类，分为金饰品、银饰品、铂饰品和钯饰品。

本节讲到以成分分类的饰品名称的定义是根据相应的国家标准和行业标准。

一、金饰品

1. 千足金饰品

含金量千分数不小于 999 的称千足金。在首饰上的印记为“千足金”、“金 999”、“G999”、“Au999”。千足金在首饰成色命名中是最高值。

2. 足金饰品

含金量千分数不小于 990 的称足金。在首饰上的印记为“足金”、“金 990”、“G990”、“Au990”。

千足金和足金饰品含金量高，色泽金黄，自古以来就受到人们的喜爱。当前在中国及华人居住较多的国家中，千足金、足金首饰仍然占相当大比重。一方面作为装饰品，另外也用作保值或避邪。千足金、足金首饰的缺点是硬度低，易磨损，不易保持细微花纹。足金首饰因其使用需要，其配件含金量不得低于 750‰，须向消费者明示。

3. 金合金(K 金)首饰

金合金(K 金)首饰克服了纯金首饰硬度差、颜色单一、易磨损、花纹不细巧的缺点,冠以 Katrat 这个词,并赋予 K 以准确的含金量标准,形成了一系列 K 金饰品。

K 金饰品的特点是用金量少,成本低,又可配制成各种颜色,且不易变形和磨损,特别是镶嵌宝石后牢固美观,更能衬托宝石的珍贵艳丽。K 金首饰发展很快,在市场上与其他首饰一起各领风骚。

K 金的纯度标准:以金含量的千分数为 1 000 规定为 24K 金。则 1K 金的纯度为(1000/24)‰,见表 7－2。

表 7－2　常见 K 金纯度范围表

K 金	9K	14K	18K	22K
纯度千分数最小值(‰)	375	585	750	916

需要强调的是,24K 金是理论值,其纯度为 100%,因而市场上有人说 24K 金首饰是不符合标准规定的,也是不可能达到的。

22K 金:欧洲人称 22K 金(含金量 916‰)为标准金(standard gold)。结婚戒指和金币多用 22K 金。我国 1979 年发行的第一套金币共 4 枚,就是 22K 金制成的。印记为“金 916”、“G22K”、“Au916”。

18K 金:18K 金中金含量为 750‰,其余为银、铜等金属。18K 金的硬度适中,延展性又理想,不易变形,边缘不锋利,不断裂,适宜镶嵌各种宝石。印记为“金 750”、“G18K”、“Au750”。

9K 金:9K 金的含金量不足一半。一般用来制作打火机壳、金笔杆、化妆粉盒等高档用具。

4. 彩色 K 金首饰

18K 金中除了 750‰的金之外,其他成分的不同比例会使 K 金显现为不同颜色。如中国人喜欢黄色,故配方中银铜各半;欧洲人喜欢偏红色,故在 250‰的杂质中铜占 2/3 以上或全部为铜;美国人喜欢偏淡的黄色,则加入银的成分多些。科学技术的发展,目前已经能配制成各种颜色的金合金。

红色 K 金:用金银铜可配制成红色和浅红色 K 金,金和铝可配制成亮红色 K 金。

绿色 K 金:在金银铜合金中加入少量镉,可配制成绿色 K 金。

蓝色 K 金:金和铁的合金在表面上加入钴而得。

白色 K 金:金铜合金中加入镍或钯后形成的。

黑色 K 金:金中加入高浓度铁而形成,有一种黑色 14K 金配比约为金 58%、铁 42%。

灰色 K 金:灰色 K 金的灰色通常来自适当浓度的铁。

对彩色 K 金的正确叫法是黄色 K 金(黄 K 金)、白色 K 金(白 K 金)、红色 K 金(红 K 金)。市场上习惯称白色 18K 金为“18K 白金”。这是一种容易与铂金饰品相混淆的叫法,为此引起的误解和纠纷不少。故按国家标准,这种叫法是不允许的。

还要注意的是,有些彩色 K 金是用表面镀色法,不是冶炼制成的。这种表面镀色法的色彩很容易磨损。市场上的白色 18K 金有些表面镀镍或铑、钯制成,磨损后饰品泛黄,显现出 18K 金的本色。

二、银饰品

银质地柔软，颜色洁白，易加工，价格低，自古以来就是首饰中的重要部分。由于银易腐蚀磨损，近代在首饰中的比例逐渐下降。但是，银器具、摆件还是很常见的。少数民族中银首饰仍占很大比例。如银凤冠、银项圈、银腰带、银镯、银耳环、银餐具、银烟盒等。

首饰中的银有：

足银：含银量千分数不小于 990 的称足银，印记为“足银”或“S990”。

925 银：含银量千分数不小于 925 的称 925 银，印记为“银 925”、“Ag925”或“S925”。由于银太软，易变形，因而用纯银制作首饰较少。市场上的银制品中以 925 银为多数。

800 银：含银量千分数不小于 800 的称 800 银，市场上较少。

三、铂饰品

铂制成的首饰花纹细巧，颜色晶莹洁白，是纯洁、高贵、典雅的象征，尤其是镶嵌钻石后更呈现出钻石的洁白无瑕，使钻石更加闪烁生辉。铂饰品在市场上的份额日益增加。

铂在日本称为“白金”，我国现行国家标准也可称铂为白金。

铂与不同的金属结合成合金可以增加某些特性。纯铂中加入 5％的其他金属会提高铂的硬度，增加可铸性。

首饰中的铂有：

足铂(足白金)：含铂量千分数不小于 990 的称为足铂，印记为“足铂”或“Pt990”。

950 铂：含铂量千分数不小于 950 的称为 950 铂，印记为“铂 950”或“Pt950”。

900 铂：含铂量千分数不小于 900 的称 900 铂。印记为“铂 900”或“Pt900”。

900 铂的强度适当，尤其是镶嵌首饰多用 900 铂，牢固不易脱落。900 铂中除了铂以外，其他元素为钯、钴、铜等。

850 铂：含铂量千分数不小于 850 的称 850 铂，印记为“铂 850”或“ Pt850”。市场上少见。

四、钯饰品

钯饰品外观与铂饰品相似，金属光泽，轻于铂，硬度比铂稍硬。

首饰中的钯有：

950 钯：含钯千分数不小于 950，印记为”钯 950“或“Pd950”。

500 钯：含钯千分数不小于 500，印记为“钯 500”或“Pd500”。

钯首饰不能被称作“钯金首饰”或“钯白金首饰”。

五、贵金属覆盖层首饰

首饰本身材料为铜、铅、锌及其合金，表面覆盖层为金、银等贵金属。

1. 包金、包银首饰

用机械或其他方法将金箔牢固地包裹在金属制品基体的表面上得到金覆盖层，叫包金。同样方法将银包裹在金属制品表面上，叫包银。

利用滚压、锻压手段将金或金箔锻压到其他金属表面上制成的饰品，叫锻压金饰品。这是包金饰品的一种。

包金(gold filled)的包金层含金量不得低于 14K(585‰),其厚度不小于 0.5μm(一般在 0.5～1μm),其标记为 L_nAu。如 L_5Au 表示包金覆盖层厚度为 5μm。

包金国外标记为 14KF、18KF,表示包金层含金量为 14K 金或 18K 金。

包银首饰银覆盖层的含银量不低于 925‰,包银覆盖层厚度不小于 2μm,其标记为 L_nAg。如 L_5Ag 表示包银覆盖层厚度为 5μm。

2. 镀金、镀银

利用电镀方法或化学镀方法在金属制品的表面上镀一层金覆盖层,叫镀金。同样有镀银、镀铑等。

镀金(gold plated)的镀金层含金量不得低于 14K(585‰),其厚度不小于 0.5μm(一般在 0.5～5μm)。其标记为 P_nAu。如 P_3Au 表示镀金覆盖层厚度为 3μm。

国外有的标记 KP 表示镀金。如 18KP 或 18KGP,表示镀金层含金量为 18K 金。

镀金覆盖层厚度在 0.05～0.5μm 的叫薄层镀金。

镀银覆盖层的含银量不得低于 825‰。镀银覆盖层厚度不小于 2μm,其标记为 P_nAg。如 P_5Ag 表示镀银覆盖层厚度为 5μm。

六、其他金属首饰

为了弥补贵金属的稀有、昂贵和普通金属的色泽差、材料粗重的缺陷,一些由特殊工艺和新科技结合研制的材料被用作首饰生产。这些经过特殊工艺配制的材料所制成的金属首饰,其主要品种有:稀金首饰、亚金首饰、亚银首饰、轻合金首饰。

1. 稀金首饰

稀金是将稀土元素掺入黄铜冶炼而成的,色泽接近 18～20K 黄金,不褪色,耐腐蚀,越搓越亮。这种材料主要制成仿金首饰。

2. 亚金首饰

是一种以铜为基体的新型仿金材料。用亚金制成的首饰,外观色泽与 18K 金相似,质地也近似于 K 金,主要优点是对人体汗液和空气污染腐蚀的抵抗性优于黄铜、白银,但还是略低于黄金,故称之为亚金。

3. 亚银首饰

亚银又称镍银和德国银,它是由 60%铜、20%镍、20%锌配制成的。这种材料延展性好,色泽略带黄灰色,质地较适合镶制成各种首饰。而且生产时外表都镀上白银或铑(故又称仿铂),使其外观色泽近似白银,故称为亚银首饰。

4. 轻合金首饰

近年来,宝石市场常使用各种新型的铝合金材料制成轻质金属首饰。这类首饰不仅色泽华美,而且款式新颖,是新潮首饰中的流行品种。除了铝合金外,国外还开始使用耐热金属——钛和钼的合金制作首饰。这类首饰在受热或电镀后,表面会产生五彩缤纷的闪亮色彩。

七、贵金属首饰的命名及印记

贵金属首饰的命名应按纯度、材质、宝石名称(镶嵌有宝石)、品种等内容来描述。如:18K

金钻石戒，Pt900 红宝石挂件。

贵金属首饰的纯度指贵金属元素的最低含量，不得有负公差。如：Pt900 表示铂含量≥900‰。

印记的内容包括：厂家代号、纯度、材料、镶钻首饰主钻的质量。如：北京花丝镶嵌厂生产的 18K 金镶嵌 0.45ct 钻石的首饰的印记应为：京 A18K 金 0.45ct(D)。

当采用不同材质或不同纯度的贵金属制作首饰时，材质和纯度应分别表示。当首饰因过细等原因无法打印记时，应在首饰上附带包含印记内容的标志。

第八章　珠宝玉石首饰物语

随着生活水平的不断提高，人们购买珠宝玉石首饰不再单纯强调拥有和保值，而更多地转向满足内心审美的需求及装饰的需要。看懂每一件珠宝玉石首饰，了解珠宝玉石首饰美的真谛，才能达到珠宝玉石首饰与人相映生辉、锦上添花。

第一节　宝石之王——钻石

钻石的珍贵在于它美丽、稀少和耐久的品质；在于它神秘、传奇和浪漫的情感色彩。

一、美丽品质

钻石的美主要在于它对光所产生的独特效应而带给它的如诗如画的迷幻。

在聚光灯下转动钻石，人们看到的不仅仅是钻石的晶莹剔透，同时可看到火彩、亮度和闪光。

火彩，当人们转动钻石时可以看到钻石表面浮动着一层五彩斑斓的绚丽色彩。其实是自然光照射在钻石表面上时，分解产生的红、橙、黄、绿、青、蓝、紫组成的光谱色，像彩虹一样光芒闪烁，耀眼迷人，俗称“火彩”。

亮度，即钻石的明亮程度，来自钻石内部和外部的明亮的反射光。钻石坚硬无比，加之有很高的折射率，当钻石表面打磨光滑后，可对来自正面的光形成一种镜面反射。另外，钻石十分纯净、无色透明，可使进入内部的光充分反射出来，内外部的反射光使钻石表面明亮璀璨。

闪光，是指在光照下移动钻石时，其表面不同角度的刻面反射光及火彩在光照下有秩序地跳跃、闪动。

火彩、亮度和闪光构成了钻石神奇变幻的光芒。

二、稀少和耐久

钻石形成于地球150～200km的深部、大致35亿年前及12～17亿年前两个时期。平均开采数百吨矿石才能采到一粒1克拉的钻石，而每年钻石的总产量中仅有1/4可达到宝石级，其余大部分均为工业级别。稀少使其更珍贵。

钻石是迄今为止人们发现的自然界中最硬的物质，摩氏硬度为10，钻石的硬度是红宝石的140倍，水晶的1 000倍，所以它具有极强的抗刻划、抗磨蚀的能力。故其抛光面永远光亮如镜，其棱角也永远平直锐利，并拥有“一颗永留传”的独特魅力。

三、情感意义

大多数人购买钻石不仅仅是感到钻石美丽，而是有明确的情感需求。如一对恋人将钻石看成纯洁爱情的象征，用钻石向对方表达爱情的专一与永恒；已婚夫妇购买钻石希望自己的婚姻像钻石一样牢不可破、地久天长或家庭的未来一如既往地幸福美满；男人购买钻石用以表示事业的成功或用以表示男人的坚强、勇敢等。钻石的美与人们心目中的美好愿望的结合，赋予钻石令人心驰神往的情感意义。

钻石已经成为一种代表浪漫的传统；一种成功婚姻的象征；一种示爱的特别礼物；一个突出自己的方法；一个高档的艺术品、收藏品……

如：用“半克拉钻石”来纪念或庆祝“找到我生命中的另一半”；用“三石钻戒”表达结婚纪念，大钻石镶在中间代表“火热的爱”，两边围绕的小钻石则代表了“你和我让爱火永不熄灭”；对于即将迈进结婚殿堂的年轻时尚女性以 20 分为主题概念的“结婚钻戒”，寓意着美好的“你爱我十分、我爱你十分”，以结婚是“加法”来给璀璨的钻石赋予温馨的人文概念。

纯净璀璨、独一无二的钻石已成为婚姻的信物、四月生辰石、结婚 60 周年(钻石婚)的贺品等等，深受人们的喜爱。

第二节　绚丽多姿的彩色宝石

珠宝界习惯将钻石以外的所有宝石称为彩色宝石，这其中包括各种有色的宝石，也包括白色、黑色的宝石。

一、美丽彩宝

与钻石不同，彩色宝石的美是由颜色、透明度、光泽、特殊光学效应等多种因素构成的。

彩色宝石有着丰富的颜色，这些纯正、艳丽、多姿多彩的颜色本身就像永不凋谢的花朵给人以无尽的美感。而宝石的颜色美更在于色彩给予购买者的思维联想及情感触动。一粒艳丽的祖母绿可以使人想起青翠欲滴的嫩叶，一枚五颜六色的彩宝胸花使人联想到色彩缤纷的春天。

透明度与光泽造就彩色宝石的通灵精彩。彩色宝石一般情况下不可能达到完全透明，如果太透明了其颜色就会变浅；而完全不透明颜色就会显得呆板。当彩色宝石具有一定的透明度时，其色彩就会变得亮丽鲜活，光通过不同的刻面将宝石的颜色反射上来，使本来单一的色彩产生一种色调浓淡的变化。将宝石放在灯光下，台面朝上并转动它，就可观察到来自底刻面的反光及颜色浓淡的变化，体会到缤纷色彩的美妙绝伦。

光泽是宝石表面反光的能力，对于不透明的彩色宝石来讲，其表面的强光泽将变得十分重要。完全不透明的彩色宝石给人一种沉闷、无生气的感觉，但是当宝石具有较高的折射率并且抛光良好时，其表面就会有较强的光泽，光泽会使宝石的颜色显得明亮而生动，欣赏不透明或透明度较差的彩色宝石时，应将它们移至强光源下，去感受不同角度的刻面对光的反射作用所产生的美感。

特殊的光学效应给彩色宝石增强一种神秘色彩。游弋摆动的眼线、转动自如的星光和变幻莫测的颜色都会赋予彩色宝石别样的美丽，令人心驰神往。

二、瑕不掩瑜

在彩色宝石及其首饰中，解理、裂隙、羽状纹、包裹体等有时是与生俱来的，从某种角度来讲，解理、裂隙是宝石的一种天性，就象人的脸上常会有一小粒一小粒的雀斑一样，常言道“十宝九裂"就是这个道理，只要这些解理、裂隙不是很大很多，不是开放性的，对宝石的耐久性就不会有明显的影响。对于羽状纹，它仅能说明宝石在地下生长过程的某一个阶段有过裂隙，后来又被愈合。羽状纹反映宝石生长过程中有过一次小小的事件，就像人的手曾经被小刀划破又愈合了一样。而包裹体是宝石生长过程中裹夹进来的一些细小的固体、液体物质。

不同的宝石，其解理、裂隙的发育程度是不一样的。有些宝石解理、裂隙不发育，如水晶一族，市场上常可见到很完美的没有任何解理、裂隙的大颗粒成品，但并不昂贵。而有些宝石，如祖母绿，解理十分发育，市场上要找到大颗粒的没有任何解理、裂隙的祖母绿十分困难，按照物以稀为贵的原则，完美无瑕的大粒祖母绿，其价格就十分昂贵。

因此，对于解理发育的彩色宝石，人们应了解佩戴保养知识，还应根据个人的经济实力进行恰如其分的挑选。对于那些经济实力一般的，可以选择那些颗粒较大，但有一些轻微解理、裂隙的宝石；而对于那些确有经济实力的可选择那些完美无瑕的、价格较为昂贵的宝石。

用放大镜进行观察，当人们发现宝石内有些杂质(包裹体)存在时，担心这些杂质会影响宝石的质量。其实这些杂质有时除了说明其天然品质外，还给人以美丽的遐想，如大水晶中常可包裹一个和大水晶晶体长得一模一样、有棱有角的小水晶，极富个性、令人神往。

这些包裹体都是宝石的生长痕迹，是天然宝石的身份证明。只要这些包裹体的颜色不是很深，个体不是很大，对宝石的美观就不会产生明显的影响，在一定的价位内购买这种含有包裹体的宝石是值得的。

三、购买意义

宝石自古以来就被人们视作避邪的护身符，被人类赋予许多神秘的色彩。与钻石相比，彩色宝石常具有一些特殊的意义，与吉祥、幸福等美好的含义相连。如红宝石象征着爱情；绿松石象征着万事如意和顺利；琥珀避邪保平安；珍珠保佑健康长寿。

除了美好的象征外，彩色宝石品种繁多，丰富的品种可以迎合不同人的喜好，因此，彩色宝石更具个性化特点，更能满足人们装扮自己、突出自我的需要。另外，彩色宝石色彩纷呈，这些美丽的色彩更易于与服装搭配，更易体现时尚、表现潮流。再者，以同样的价钱，顾客能购买到比钻石更大的彩色宝石，这些彩色宝石更醒目、更具装饰性。

第三节　玉石文化

中国有几千年的玉文化，精美的玉饰品除带给人们美丽的装饰外，还带给人们精神上的满足。

一、玉石之美

玉石之美与钻石和彩色宝石有明显的差异。钻石之美在于它的坚硬、火彩、明亮；彩色宝石之美在于它的艳丽多姿；而玉石之美在于它的细腻、温润、含蓄优雅，更在于它因物喻义，寄托了人们对生活的美好愿望。

玉石是由无数个细小的晶体集合而成，它的结构决定了它坚韧的品质，玉石的韧性是很强的，与宝石相比，它不易破碎。

大多数玉石饰品颜色均匀，杂色较少，如软玉饰品常常是单一的白色，岫玉也常常是很单纯的一片淡绿色，给人一种纯洁、祥和、温馨的美感。

玉石饰品的美是一种含蓄、优雅、耐人寻味的美。玉石之美与中国人的性格有某种相似之处，所以几千年来，中国人一直深爱玉石饰品，一直佩戴玉石饰品，并将玉石的某些品质与人的品质相比，如“玉洁冰清”、“玉树临风”、“宁为玉碎，不为瓦全”等等。源远流长的玉文化，使玉石饰品更添魅力，博得人们由衷的喜爱。

二、玉石饰品的纹饰

人们喜欢玉石饰品的另一个原因是这些饰品（如玉石挂件）大多有明确的主题，这些主题可能出自一个典故、一个传说，也可能借助人物、动物、花草等图案，通过借喻、比拟、象征、谐音等表现手法，构成一个图案、一句吉言，赋予其求吉呈祥、消灾免难的意境，寄托人们对幸福、喜庆等的美好愿望。其因物喻义，将情、景、物融为一体，表达文化内涵，并寄托着人们丰富的思想感情。

1. 常见的纹饰

玉石饰品常见的纹饰有人物、动物、花草、文字和其他一些图案。

人物纹饰有：寿星、佛、观音、仙、童子等。

动物纹饰有：龙、凤、鱼、蝉、鹿、象、麒麟、狮子、羊、龟、鸳鸯、鹤、喜鹊、马、猴等。

植物纹饰有：竹、梅花、莲花、海棠花、石榴、桃等。

文字和图案有：福、禄、寿、喜等。

上述纹饰常单独或多个组合雕在一个玉石饰品上，以取纹饰的含义、谐音表达一种吉祥如意的祝愿。即所谓“图必有意、意必吉祥”。

2. 常见纹饰及其含义

玉石饰品常以纹饰名称的谐音来表达吉祥，如绘制三羊取“羊”、“阳”谐音，表示三阳开泰；用字表示吉祥，如“福”字、“寿”字、“喜”字；用字与纹饰组成吉祥纹饰，如五只“蝙蝠”围一个“寿”字，表示“五福捧寿”；用人们公认的吉祥纹饰，如龙凤组成的纹饰代表吉祥；十二生肖是人们的属相，人们相信佩戴自己的属相可以作为护身符，等等。

下面介绍常见的纹饰及其含义。

(1)龙凤呈祥。

龙、凤是中国最有代表性的吉祥神兽，龙凤呈祥为一龙一凤纹饰组合。传说凤在中国民间代表女性，龙代表男性，而龙凤呈祥则多用于夫妻喜庆之日，寓意着婚配吉祥。

(2)二龙戏珠。

两条龙头部相对，共含一颗火珠。传说龙珠可以避水火，图案祈求避邪消灾。

龙常见有：行龙（以龙和云为主要纹饰）、团龙（正中龙头、身体作盘旋团状）、海龙（海水和龙作纹饰）。

(3)鱼。

“鱼”与“余”谐音，表示富裕。

连年有余：鲢鱼与莲花纹饰组合，寓意生活富裕美满。

形影不离：双鱼并体戏水组合。

(4)蝠。

"蝠"即蝙蝠,"蝠"与"福"谐音寓意幸福。

福在眼前:蝙蝠与一枚古钱。古钱是外圆内方,借孔为眼,"钱"与"前"谐音,寓意"眼前是福"。

五福捧寿:五只蝙蝠同围着一"寿"字,"五蝠"寓意古人心中的五种幸福标准:一曰寿,二曰福,三曰康宁,四曰修好德,五曰考终命。

流云百福:云纹形似如意,绵绵不断,"蝙蝠"谐音"遍福"。幸福绵延无边之意。

福寿三多:蝙蝠、寿桃、石榴。多福、多寿、多子之意。

福寿双全:一只蝙蝠,一只仙桃,两只金钱,"双钱"谐音"双全",也表示禄位。象征福、禄、寿。

福从天降:一胖娃伸手抓一飞的蝙蝠。

(5)鹿。

"鹿"与"禄"谐音。

福禄寿喜:蝙蝠、鹿、桃、喜字。"鹿"谐音"禄",桃意长寿。

(6)象。

喜象:童子洗象纹饰组合,寓意一种流于言表的幸福。

万象升平:大象背负宝瓶,象身刻有鹭鹭"卍"字,"卍"读音万,与希特勒反"卐"正好相反。寓意国泰民安、百业兴旺、平安祥和。

(7)桃。

桃,仙桃,长寿的意思。

多福多寿:数枚仙桃、数只蝙蝠。

麻姑献寿:仙女手捧仙桃。麻姑为仙人王方平之妹,妙龄美艳有仙术,曾为王母祝寿。有麻姑献寿,象征长寿、永葆青春。

(8)柿。

"柿"谐音"事"。

事事如意:柿子一双,如意一只。寓意万事如意。

诸事遂心:桃子形如心,几个柿子,诸事。几个柿子,一个桃子。寓意万事称心如意。

(9)竹。

竹,竹节一节更比一节高。

节节高升:象征前程美好。

(10)竹、蝙蝠、如意。

"竹、蝙蝠"音"祝福"。

祝福如意:竹、蝙蝠、如意图案组合。寓意祝福如意。

(11)喜鹊。

喜鹊被人们称为报喜鸟。

喜上眉梢:为一喜鹊登梅组合纹饰,"梅"与"眉"谐音寓意人逢喜事,喜上眉梢。

双喜临门:为两只喜鹊组合纹饰,寓意喜事连连不断。

喜报三元:喜鹊两只、桂元或元宝三件。古科举会考,乡、省、殿第一名皆中。

(12)蜘蛛。

蜘蛛俗称喜蛛。

喜从天降：一只蜘蛛沿丝而降，寓意一意外之喜突然而降。

(13)麒麟。

麒麟为传说中吉祥兽。似鹿而有鳞，龙头而有独角。

麒麟献瑞：麒麟、玉璧纹饰组合，寓意祥瑞。

麒麟送子：以童子骑麒麟为纹饰，此种纹饰的挂件常用于送给新婚夫妇，以祝福早生贵子。

(14)鸳鸯。

鸳鸯是一种水鸟，常成对出入。“荷”谐音“和”，和睦之意。鲤鱼，鱼水之欢。

鸳鸯戏水：鸳鸯、荷叶，有时还有鲤鱼。象征夫妻和美。

(15)鹤。

鹤为长寿禽，吉祥鸟。

松鹤延年：由松树及仙鹤纹饰组合，松树除有长寿之意外，还象征高风亮节，松树与仙鹤构成一图，寓意气节、长寿。

鹤鸣长霄：由仙鹤与天、水、日共同组成的纹饰，寓意与天地日月同辉。

鹤鹿同春：鹤长寿，梅花鹿充满活力，松树永葆青春。又称六合同春，表示天地四方，天地皆春，欣欣向荣，富贵长寿之意。

(16)龟。

龟是四灵动物之一(四灵动物：龙、凤、龟、麟)，是长寿的动物，传说它能预知凶吉，有知天命和保平安的意义。

龟鹤齐龄：龟，有时是龟龙加仙鹤。龟享万年，鹤寿千岁。寓同享高寿之意。

(17)狮子。

狮子为吉祥兽，表示喜庆雄伟。

太师少师：大狮、小狮两只狮子纹饰。太师是古代人极品的高官，“狮”、“师”谐音，寓意太师少师，辈辈高官之意。

五世同堂：五只狮子纹饰，取“狮”、“世”谐音，预示人丁兴旺，五世同堂。

(18)马、猴。

“猴”、“侯”谐音，寓意官爵，表示飞黄腾达之意。

马上封侯：一猴骑于马上，寓意封官进爵。

辈辈侯：一大猴背一小猴，寓意辈辈为官。

(19)雄鸡。

雄鸡伸颈长鸣谐音“长命”。

长命百岁：鸡旁有许多禾穗谐音“百岁”。祝福长寿。

长命富贵：牡丹为花王，象征富贵。雄鸡在牡丹花旁长鸣，祝福长寿富贵。

(20)蟾。

蟾：自古以来代表财富。

刘海戏蟾：刘海为古代传说人物。原意为钱乃身外之物，无忧无虑，后演化为撒钱不息的财神。常见的刘海戏蟾纹饰为一少年戏逗一金蟾，寓意财源兴旺、幸福美好。

(21)鹰、熊。

“鹰、熊”谐音“英雄”。

英雄无敌：表示英雄。

(22)瓶、鹌鹑。

“瓶”谐音“平”，“鹌”音同“安”。

平安如意：瓶、鹌鹑、如意。寓意平安如意。

一路平安：“一鹭”谐音“一路”。鹭鸶、瓶、鹌鹑各一。祝福旅途安顺。

岁岁平安：“穗”音“岁”。双穗、瓶、鹌鹑。祝福平安。

四海升平：“孩”音“海”，抬，升之意。四个小孩共抬一瓶。祝福平安。

平升三级：“戟”音级。瓶上插三支戟。表示官运亨通。

(23)帆船。

一帆风顺：帆船寓意一帆风顺。

(24)观音、佛。

观音、佛皆为佛教中法力无边的领袖。有男戴观音、女戴佛之说，但各地习惯不同，也有女戴观音、男戴佛的习惯。多用于避邪。

(25)兽面纹。

有饕餮纹、龙头、鬼头、虎头等。饕餮纹初见于浙江良渚文化，为神权和王权的象征，视为神圣不可侵犯。之后有鬼头、龙头，都视为可以避邪。

(26)八宝联春。

佛家八宝为法螺、法轮、宝伞、白盖、莲花、宝瓶、金鱼、盘长；仙家八宝有渔鼓、宝剑、花篮、笊篱、葫芦、扇子、阴阳极、笛，为八仙所有。

(27)八仙过海。

八仙为张果老、吕洞宾、韩湘子、曹国舅、铁拐李、汉钟离、何仙姑、蓝采和。

传说他们在山东蓬莱过海去辽宁，受龙王无端挑衅，引起一场大战，八仙手持前述仙家八宝大显神通，终于使龙王求和。多为大型雕件。

(28)太公钓鱼。

太公，即姜子牙，西周开国元勋。周王访贤时，见他手持钓竿，以直钩距水面三尺，口曰“负命者上钩”。现所见雕件多为一老翁手持钓竿，挂酒葫芦，背笠帽，身旁有一鱼篓。鱼篓或钓竿上有鱼，十足渔翁形象。相传“太公在此，百无禁忌”。

(29)和合二仙。

传说中的二位神仙，主持夫妻和合。

和仙手持荷叶、荷花、莲蓬一类，脚踩鲤鱼；合仙手持一只半开的宝盒，盒中飞出一对蝙蝠。是唐初浙江天台国清寺拾得和江苏苏州寒山和尚的故事，雍正 11 年，清世宗下诏，封寒山为和圣、拾得为合圣。

(30)十二生肖。

十二生肖有鼠、牛、虎、兔、龙、蛇、马、羊、猴、鸡、狗、猪。中国及一些东方国家用作生辰年份的标志，每 12 年轮回一次。生肖挂件也称属相挂件，人们视为护身符，可祈求平安、幸福。传说本命年所要佩带相应的生肖牌，以示避邪。

第四节　珠宝玉石首饰佩戴习俗

一、珠宝玉石首饰的起源与佩戴意义

现如今人们佩戴珠宝玉石首饰大多注重其装饰性，而在历史上，珠宝玉石首饰的产生及佩戴还具有实用、宗教等多种含义。

原始民族为了保护自己，佩挂各种动物的皮、骨；为了避邪求安，在手脚上挂些会响的东西；为了保护生命，在图腾崇拜与图腾活动中将首饰作为咒物加以佩戴。而如今首饰除了是财富与身份的象征，更在人类审美装饰的同时带来心理上的安慰、精神上的享受。

1. 戒指

(1)作为情感信物。

最早戴戒指的是埃及人，在古埃及的象形文字中，圆表示“永恒”。戒指大部分做成圆环状，是希望婚姻关系永恒，长长久久，没有尽头，同时也希望家庭人际关系圆满和谐。

将结婚戒指戴于左手无名指的习俗最早可追溯到古埃及，因为浪漫的古埃及人认为“爱情的血脉”是通过左手无名指与心脏相连的，当女子在左手无名指上戴上结婚戒指时，她的爱情便被锁定，并有维系爱情，巩固婚姻的作用。

在西方，传统的婚礼仪式上，牧师手拿戒指按顺序轻触新人的左手，并说“奉圣父、圣子、圣灵之名”，最后将戒指落在新人左手的无名指上。这枚结婚戒指是终身佩戴的。

在我国古代，戒指有“约指”之称，是情人海誓山盟的一种信物。

(2)其他象征意义。

戒指除了见证婚姻情感意义外，相传在我国古代并非用于装饰，而是宫廷中后妃们用以禁戒的标记，即“禁戒标记”。

而在西方国家，一些贵族家庭也曾经将家族徽章图案制作在戒指上，以代表宗族的象征和纪念，又称“族徽戒指”。

(3)佩戴习俗。

现如今，人们佩戴戒指主要是为了装饰，但佩戴方法也具有某种约定俗成的象征意义：戴在食指上的戒指表示正在寻觅对象；戴在中指上的戒指表示佩戴者正在热恋中；戴在无名指上的戒指表示结婚或订婚；戴在小指上的戒指表示佩戴者不准备找对象，准备独身。当然以上只是一种约定俗成的规则，不必严格遵守，特别在中国似乎不太注意戒指戴在哪个手指，但与外宾交往中还是要适当注意的。

2. 项饰

项饰是出现最早的首饰，对于项饰的起源和功能有多种说法。

(1)作为咒物保护生命。

非洲的一些图腾民族认为在颈部佩戴饰物可以起到保护生命的作用。他们认为颈部与头和躯干相连，是生命的关键所在，因此必须在其上套以咒物，以超自然的魔力来保护自己。

(2)抢婚风俗的产物。

对项饰的起源众说纷纭，但比较令人信服的说法是认为项饰最早起源于母系氏族转变时期的“抢婚”习俗。在这个时期，男子往往掠夺其他部落的妇女或娶战争中俘虏的女子为妻，为了防止这些女子逃走，胜利者用一根绳子套在这些妇女的脖子上。随着时间推移，这些套在脖子上的绳索渐渐演变成项饰。

(3)宗教的产物。

在我国历史上，佛教教徒念佛经时用串珠计数，民间妇女信佛者甚多，特别是传说中佛教三宝之一的珊瑚珠，有驱邪避凶、逢凶化吉的功能，因此，珊瑚串珠被佛教徒争相佩戴，并视其为幸运符，寄托了人们浓厚的宗教情感。

现如今，项饰成了最重要的饰品，佩戴得体可以充分展示人们的丰韵和品味。

3. 耳饰

在我国，佩戴耳饰的习俗可追溯到商代以前。据文物界考究，我国最原始的耳饰是“玉”，形状为半圆形，一侧有缺口，用于夹在耳垂上。

在我国古代，耳饰除有装饰作用外还有约束作用和警戒作用。女性戴耳饰提醒自己举止端庄，男性戴耳饰提醒自己不要轻信小人之言的作用。

现如今，人们佩戴耳饰主要是为了装饰，小小耳饰选择得当，会起到锦上添花的作用。

二、珠宝玉石首饰的佩戴习俗

1. 生辰石

生辰石是代表人们生日、生月的宝石。古人认为生辰石具有避邪护身的魔力，能给佩戴者带来好运。随着科学的发展，人们已不再相信生辰石的特殊功效，然而却把它作为一种美好的愿望和佩戴习俗继承下来，以表示对生日的纪念和祝福。

不同国家所认可的生辰石不太相同，我国珠宝界普遍接受的生辰石如表 8－1 所列。

表 8－1　生辰石及其所示意义

月份	天然宝石	人工合成宝石	代表意义
1	石榴石	合成刚玉	个性开朗，有朝气
2	紫晶		浪漫温柔，有思想
3	海蓝宝石	合成尖晶石	朝气十足，有干劲
4	钻石		气质高贵，有内涵
5	祖母绿	合成祖母绿	沉稳实在，有历练
6	珍珠	珍珠或合成刚玉	高雅婉约，有气质
7	红宝石	合成红宝石	热情活泼，有见地
8	橄榄石	合成尖晶石	处事完美，有条理
9	蓝宝石	合成蓝宝石	冷静清晰，有计划
10	欧泊	合成刚玉	变化多端，有创意
11	黄玉		思考细密，有胆识
12	绿松石	合成尖晶石	风流有趣，有人缘

2. 星座与珠宝玉石首饰

(1)星座与宝石。

星座与宝石的关系源于星相学及占星术。星相学提出了“黄道十二宫”之说。“黄道”即指太阳每年在十二恒星之间运行的轨迹,沿黄道每30°为一宫,黄道共360°,分为十二宫,又称黄道十二星座。占星术把人的诞生与星座联系起来,认为某个时间诞生的婴儿,必定来自在该时间内在地平线上出现的星座,并与他一生的命运有关。

珠宝商则根据人们的这种精神与心理的寄托,将星相学与占星术一起引入宝石学,赋予宝石美好的象征意义,指出了属于哪个星座的人应佩戴什么样的宝石可以显示身份和保平安。具体见表8-2。

表8-2　星座与宝石

星　座	日　　期	宝石	象征意义
水瓶座	1月21日—2月18日	石榴石	充满爱心
双鱼座	2月19日—3月20日	紫晶	浪漫体贴,善解人意
白羊座	3月21日—4月20日	鸡血石	乐观真挚而热烈
金牛座	4月21日—5月21日	蓝宝石	勤奋,善良,和平
双子座	5月22日—6月21日	玛瑙	聪明,多才多艺
巨蟹座	6月22日—7月22日	祖母绿	温和热心
狮子座	7月23日—8月23日	镐玛瑙	热心,独立自主
处女座	8月24日—9月23日	红玛瑙	温柔,安静务实
天平座	9月24日—10月23日	贵橄榄石	公平,优雅
天蝎座	10月24日—11月22日	绿柱石	内敛,冷静
人马座	11月23日—12月21日	托帕石	自信,幽默
山羊座	12月22日—1月20日	红宝石	严谨,富责任感

(2)星座与首饰。

在西方国家不仅流行星座宝石,还流行星座首饰,即主张不同星座的人应佩戴不同风格的首饰。

3. 生肖首饰

在中国传统中,习惯用生肖(属相)来表示人的出生年份,即(子)鼠、(丑)牛、(寅)虎、(卯)兔、(辰)龙、(巳)蛇、(午)马、(未)羊、(申)猴、(酉)鸡、(戌)狗、(亥)猪。而人们也喜欢那些刻有自己属相的玉牌、项坠、戒指等,把它们视为护身符,以图吉祥平安。

4. 婚姻首饰

婚姻石源于欧美,表明爱情的忠贞和相互感情的牢固。因为结婚周年纪念日是非常重要的日子,随着婚姻的持久,每一年的结婚纪念日都具有不同的珍贵意义,所以在西方,每逢重大的结婚周年纪念日,爱侣就会用宝石和金银制作的首饰馈赠给对方以示尊重和纪念,表达爱意的永恒。这种习俗后来就演变为婚姻石。

向配偶馈赠婚姻石首饰的习俗显得既浪漫又深刻。结婚周年与相应的首饰如表 8－3 所示。

表 8－3　结婚纪念石

结婚周年	纪念婚名称	纪念石
15 周年	水晶婚	水晶
25 周年	银婚	银饰
30 周年	珊瑚婚	珊瑚
35 周年	珍珠婚	珍珠
40 周年	蓝宝石婚	蓝宝石
45 周年	红宝石婚	红宝石
50 周年	金婚	金饰
55 周年	绿宝石婚	祖母绿
60 年以上	钻石婚	钻石

第五节　珠宝玉石首饰设计

随着生活水平的不断提高，人们购买首饰更多地为了满足内心审美的需求及装饰的需要，希望自己拥有的首饰能彰显个性，达到独一无二、唯我独有的境界。如果具备了一定的首饰设计知识和制作知识，便能理解首饰设计元素、制作特点，使人与首饰产生一种交流、一种共鸣，并以此选择属于自己的个性化的首饰。

一、常见珠宝玉石款式及镶嵌工艺

1. 常见珠宝玉石款式

珠宝玉石款式是指宝石的造型，又称琢型。根据其外部特征分为四大类：弧面型、刻面型、珠型、异型。

(1)弧面型。

弧面型宝石又称素面型或凸面型，宝石有一凸面。根据腰形又可分：圆形、椭圆形、橄榄形、梨形、心形、方形 、随意形等。

弧面型宝石通常应用于含太多杂质的透明宝石，如祖母绿；不透明、半透明宝石，如玉石；具猫眼、星光、变彩、晕彩等特殊光学效应的宝石，如月光石和欧泊等。

(2)刻面型。

刻面型又称棱面型、翻光面型或小面型。特点是由若干组具有一定几何形状的小面围成多面体形宝石琢型。常见有玫瑰型、圆多面型、阶梯型、交叉型和混合型等。

刻面型宝石中最常见的为圆多面型，又称明亮型。运用于透明宝石的切磨，可以充分显示宝石的亮度、火彩、闪光等光学特征。一般由冠部、腰部、亭部三部分组成。典型的如圆钻型。常见椭圆形、橄榄形、梨形、心形等变形。

玫瑰型是刻面宝石最早的一种款式。底面平且宽，上面由连续对称排列的三角形组成，顶部终止于一点，形似蔷薇花蕾。

阶梯型又称祖母绿型，几乎适合所有透明宝石，尤其适合体现美丽颜色的宝石。形状是一个去掉四个角的矩形，具有一些阶梯状排列的小面，底部终止于一个斧型尖底。

刻面型宝石适合所有透明宝石 ，主要为了突出宝石美丽的光学效应：如体色、亮度、火彩和闪光。

(3)珠型。

主要用于制作手链、项链等首饰。显示的不仅是单颗珠，更在整串珠饰的造型美。常见有球形、圆柱形、腰鼓形、六方柱形等。

(4)异型。

异型包括自由型和随型。

自由型：根据原石的形态、颜色、色形等刻意琢磨出的形状。又可分自由刻面形、雕件形。

随型：完全按大自然赋予原石的形状进行简单的磨棱去角并抛光。

2. 常见珠宝玉石镶嵌工艺

对于规则形状的宝石常见的镶嵌方法有爪镶、钉镶、轨道镶、包镶、框角镶等。

(1)爪镶。

由几个长而细的爪子固定宝石的最常见的镶嵌法，适用于不同形状的宝石。这种镶嵌法清晰呈现宝石的美感，爪齿很少遮挡宝石，有利光线以不同角度入射宝石，可最大限度突出宝石。

"皇冠"钻戒就是典型的爪镶，使钻石的美丽得以淋漓尽致的体现。

按爪的数量可分：两爪镶、三爪镶、四爪镶、六爪镶；按爪的形状可分：三角爪、椭圆爪、方爪、随形爪。

爪镶的质量要求是：爪大小一致，间隔均匀，宝石平稳居中。

(2)钉镶。

又叫硬镶法。在金属片上开一个小孔，把宝石放在该位置上，直接将镶口边缘的金属材料用钢针铲出几个小钉来固定住宝石。

按起钉的数量可分：两钉镶、三钉镶、四钉镶、密钉镶。

适合直径小于 3mm 的配石的镶嵌。通常应用于碎钻的镶嵌或作为各类饰品外围的点缀。密集式的排列把碎钻的光芒集合起来，令饰品看起来格外熠熠生辉。

钉镶的质量要求是：宝石水平，高度一致，间隙均匀。

(3)槽镶。

槽镶又称轨道镶、壁镶。先在金属托架上车出槽沟，然后将宝石夹进槽沟中。常用于小颗粒的宝石群镶。

槽镶法适用于相同大小的宝石，一颗接一颗地连续镶嵌于金属槽中，利用两边金属承托宝石，广泛应用于戒指、挂件及手链上。这种镶嵌法可令饰品的表面看起来平整光滑。

一些昂贵的翡翠和钻石首饰群镶配钻常用此法。

槽镶的质量要求是：槽沟边缘平直、光滑、对称；宝石排列水平、均匀、高度一致。

(4)包镶。

包镶是在金属上先做一圆筒形的镶口，在内圆筒的墙壁上车坑，将宝石置于其中，再用金属边将宝石四周都围住的镶嵌方法。是一种最牢固的镶嵌方法。

金属的围边容易令人产生错觉，宝石看来会比较大。这种方法适合镶嵌不同形状的宝石，特别在大颗粒宝石、素面宝石中应用广泛。

包镶的质量要求是：包边均匀流畅，沟缘平整光滑，宝石与包边吻合紧密。

(5)框角镶。

框角镶多用于带锐角或直角形状的宝石，爪齿放在宝石带锐角或直角的顶端，并将每一个角都镶包上。

对于不规则形状的宝石，常采用一些特殊的镶嵌法，如打孔镶和包镶等。

打孔镶是指在被镶嵌的宝石上打一个小孔，在金属底座上安一根针，镶嵌时针上涂抹专业胶粘剂，然后插入宝石固定。多用于圆珠状宝石(如珍珠等)的镶嵌。

二、常见珠宝玉石首饰的造型

1. 吉祥图案型首饰

即以吉祥图案为素材制造的首饰。常见的吉祥图案有现实中的动物，如蝙蝠，“蝠”与“福”谐音，寓意幸福；也有人们意念中想像的动物，如龙、凤、麒麟等，寓意吉祥美好；还有一些特定的图案，如回形纹；特定的字，如福、禄、寿、喜等。

吉祥图案往往具有明显的民族特色和地方特色，如中国喜用龙凤吉祥图案，泰国人喜用大象做吉祥图案。吉祥图案首饰有趋吉避凶的意境，寄托人们对幸福、喜庆等的美好愿望。

2. 动、植物造型首饰

即以动、植物造型为素材而制作的首饰。常见的造型有龙、虎、马、羊等十二生肖，飞鸟虫鱼等形象图案，以及梅兰竹菊等植物的花、叶、果实。

动物造型首饰可采用直接仿生手法，以动物的正面或侧面形象为图案，而更多的是以动物瞬间的动势为图案，或是将动物的某一部分扩大、抽象化，或是将小动物的表情人格化，做成可爱的卡通动物的形象，给人一种趣味享受。

植物造型首饰常用的有梅花、百合花、莲花、玫瑰花、兰花叶、竹叶以及葡萄、瓜果等。植物造型首饰是一种仿生型首饰，使用时是直接仿生，即首饰的造型尽量与天然花草接近，给人以逼真的视觉享受，然而更多的情况是将植物造型加以图案化、抽象化，或是利用植物的某些部分加以艺术处理，给人以更高一层的艺术享受，同时符合于现代都市人回归自然、崇尚自然的心境。

3. 几何图案型首饰

即以几何图形为造型的首饰。由点、线、面组成的任何一个几何图形都有可能成为首饰的造型，最常见的有三角形、矩形、圆形，以及由这些图形有机搭配而成的组合图形。

发展到现今，抽象的几何图形、不规则、不对称、多元素的图形也常见于首饰设计，将原始美与现代美有机地结合起，给人一种既前卫又返璞归真之感。

4. 生活图案型首饰

即以日常生活用品、生活内容为造型的首饰。此类首饰素材十分丰富，生活中的任何用品，其内容都可伴随着设计师的灵感进入首饰中。

如日常生活中的钥匙、茶壶、车、船、建筑物等。此类型首饰图案带有写实和抽象两种手法，将生活中的许多东西艺术化，使首饰带上了浓浓的生活情趣和时代感。

三、常见珠宝玉石首饰的风格

首饰设计者在设计时，往往会在现代的设计中加入了原始的装饰，而在前卫的设计中又有许多民族的元素，在古典的设计中却运用了现代的工艺制作，因此，对珠宝玉石首饰风格进行具体界定常常是很困难的。首饰设计已进入了一个风格多样化的时期，现代首饰往往不再有单纯的某种风格。

人们常提到的一些珠宝玉石首饰风格的概念大致如下：

1. 古典首饰

从字面上理解是一类比较古老的首饰。人们常把 18 世纪法国巴洛克风格的珠宝首饰视为古典首饰的代表，此类首饰多以法国宫廷珠宝为范本。特点是所有材料为金、铂、银等贵金属；宝石材料高档，主石大而华丽，周围镶以大量配石；款式上突出宝石重于金属；色彩对比强烈；造型上多采用对称设计，如有线条装饰，线条多被盘曲夸张成藤蔓状，柔软优美；有些设计严谨、内敛，加工工艺细腻精湛，具有较高的价值。古典首饰豪华、贵重，具有王者之气。

2. 民族首饰

民族首饰具有明显的地域特色和民族特色。材料上以银为主，宝石材料多为绿松石、珊瑚、玛瑙甚至贝壳等；形体大且重，有许多坠饰；首饰造型传统，有独特的纹样，仅属于某种特定的文化；设计单一、制作技术单一、做工较粗糙，但蕴含着一种粗犷的、原始的美，民族的个性表露无疑。

3. 流行首饰

流行首饰是在某一段时间内，由社会的某种特定的文化因素促成，大众都追求并竞相佩戴的饰物。流行首饰的特点是所用材料广泛，除了金、银等贵金属外，可有树脂、陶瓷、不锈钢、木、皮革等多种材料；受国际大流行趋势所影响，紧跟国际流行的服装颜色；款式上变化快，样式新，可与服装搭配；价格大多比较便宜，用过一段时间自然淘汰。

4. 欧美首饰

欧美首饰往往个体大、用金量多。最常见的有 18K 金，还有 22K、14K、9K 金的饰品，足金绝少见到。所用宝石除钻石、红宝石、蓝宝石外，偏爱祖母绿及海蓝宝石、托帕石、橄榄石等颜色娇艳、块体大的宝石。款式上比东方首饰简约，贵金属首饰多采用多层镶嵌，除主石外还常见大量的镶嵌配石。

5. 东方首饰

特指中国内地及港、台和东南亚的首饰，主要以中国文化为中心。宝石材料上偏爱翡翠、软玉、珊瑚、玛瑙。造型上纤细，设计构思上与日本首饰相似，寄情寓意的作品很多，亦常采用“福、禄、寿、喜”等吉祥文字、动物生肖纹饰及观音、佛等极具东方特色的造型。

四、现代首饰的发展

随着科学技术的进步，现代生活方式的变化，特别是现代艺术思想的影响，首饰设计得到了长足的发展。首饰设计已不再受时空、地域、文化的限制，土洋结合，东西贯通，不拘一格。金属材质不一，金、银、铂、钯各领风骚；珠宝玉石多姿多彩，钻石、翡翠、红宝石、蓝宝石异彩纷呈；羽毛、皮绳、中国结也与珠宝玉石相配成趣、相得益彰。首饰设计师们努力顺应时代的潮流，在缤纷的世界中寻找自然、简洁和纯真的东西，以期望达到返璞归真和表达一种恒久美的艺术境界。首饰设计制造的三大潮流为简洁、装饰、回归自然，力求简约而又精致。

五、几款常见的钻石首饰

1. 皇冠款钻戒

皇冠款钻戒是一款最经典的结婚钻戒。上面有六个很精致的小圆爪，把钻石牢牢抓住，使钻石十分稳固，不易脱落，另外这六个爪还起到了把钻石高高托起的作用，加上戒圈在靠近钻石时逐渐变细的设计，使钻石显得更大更明亮，整体造型简洁明快、重点突出。

2. "伴侣"结婚钻戒

DTC 推出的"伴侣"结婚钻戒是一款洋溢着浪漫情感的结婚钻戒。在金属托架中呈现三个"V"字。"V"是 Valentine（情人）的首字母，"V"字造型即为浪漫的寓言。钻戒设计巧妙，简洁明朗，钻石光芒通透，钻石台面两端的"V"字夹镶代表浪漫含义的同时又加固了镶嵌的牢度。

3. "钟爱"钻饰系列

DTC 推出的"钟爱"钻饰系列强调流线的简单设计，加上不经意从镶台两侧呈现的心形或 U 字形设计，以轻柔弯曲的坠托或是戒指镶台，来叙述扣人心弦的爱情故事"I LOVE U"。白金坠托如同轻柔的羽毛将美钻挽起，展现女性自信独立的一面，闪耀的钻石光芒仿佛透露出渴望爱情的秘密。

第六节 珠宝玉石首饰佩戴选择及质量要求

常见珠宝玉石首饰品种一般包括戒指、项链、耳饰、手镯和胸针，下面就其佩戴选择及质量要求分别做介绍。

一、戒指

1. 佩戴选择

在首饰中，戒指是销售量最大、使用面最广、最受顾客欢迎的一种首饰。

订婚戒和结婚戒作为男女之间相爱互赠的礼物，常常用作订婚和结婚的信物及盟约。

圆形的戒指形象地表示双方爱情的圆满和始终如一。如果上面镶嵌有钻石，则象征爱情的纯洁无瑕，恒久不变，或象征白头偕老的婚约誓盟。如果镶嵌红宝石则象征双方的爱情热烈如火，婚后的生活红红火火等等。

订婚戒的选择没有什么特别的规定，只是根据对方的兴趣和爱好而定，也可根据向对方所表达的寓意来挑选，为了表达自己的真心诚意，最好不要去选择包金戒、合金戒、镀金戒等里外不一、质地不纯的戒指。

订婚戒一般戴在左手的无名指上。人的两只手，左手要比右手活动少，左手中的无名指又是活动最少的一个手指，戴在上面的戒指要比戴在其他手指上安全得多。

另一种浪漫的说法是：左手的无名指离心脏最近，集中了爱的神经和血脉，婚戒戴在左手的无名指，爱情便被锁定，并能保持爱情生生不息、恒久不变。

佩戴的传统形成了一些不成文的习俗，一般来说戒指戴在食指上表示还没有心上人，正在寻觅对象；戴在中指上显示出佩戴者正在热恋中；戴在无名指上则表明已经订婚或结婚；戴在小手指上表达佩戴者目前是独身，不准备找对象，或有不顺利之事，希望能避邪。

除了以上的寓意，佩戴戒指主要是为了装饰，因此在购买戒指时，还要注意戒指的造型色彩和自己手的形象配合协调，这样才能产生美感。

一般来说，年轻女性的手比较纤细，可选择做工精致，宝石小巧的戒指，而中老年妇女可选择造型稳重、高雅的戒指。

根据自己手型的情况，可以挑选适宜来配戴。如：手指粗大宜选择中等大小的戒指，最好是镶宝戒；手指短粗宜佩戴造型线条流畅或不规则造型的戒指，不宜佩戴宽而造型复杂的；手指偏小的宜佩戴细巧型的戒指，显得秀丽可爱；而细长的手指可以佩戴戒面造型丰富的。

男戒应选型简练，面线清晰，庄重而含蓄，显示出男子的阳刚性格。男士采用的宝石多半使用颜色稳重的翡翠、蓝宝石、深绿的碧玺、黑色的玛瑙等。闪耀金刚光泽而又坚硬无比的钻石正好显示男子的刚强和豪爽气概，也是值得男性择购的对象。

另外，皮肤较粗糙的手不宜佩戴精巧细致的戒指，可选择线条简洁的方戒或镶小宝石的戒指。肤色深的，要选颜色浓重些的宝石，而肤色较白的，宜选用淡雅色彩的宝石。

戒圈分死圈和活圈两种。镶嵌宝石的 K 金饰品一般做成死圈，因为上面镶嵌着珠宝，做成活圈易变形，常会造成松动使宝石脱落或丢失。

在选购镶宝戒指时，最好本人当面试戴。戒圈的大小要以被套的手指关节粗细为标准，过紧佩戴会不舒适，过松容易掉脱，所以最好选择刚刚能过关节，佩戴后稍有紧感的戒圈为宜。要注意“冬选松，夏选紧”的原则。

2. 质量要求

戒指的质量选择要求如下：

(1)整体造型要均衡对称，主题突出。

(2)表面光洁如镜，没有锉、刮痕，没有焊接痕、砂眼等，不能出钩带刺。面和线交代清晰，喷沙、拉丝的光色要一致。

(3)宝石镶嵌要牢固、端正、平整、美观，爪、齿、镶边要光滑整齐。

(4)戒圈上材质、纯度、主石质量(钻石戒)等印记按标准要求清晰而完备。

二、项链

1. 佩戴选择

项链是最常见的首饰之一。有的是单条链直接佩带，有的可配坠饰(挂件)佩带。而坠饰

(挂件)有的直接设计在链的中心部位,成为项链的一部分,有的是坠饰单独配挂。

在中国的传统工艺中,项链是手工制作最费工时的一种,即由贵金属拔出的细丝,绕成弹簧圈,剪开后再一个环一个环的焊接成链,称手工链。现在有机械化加工手段,几乎是由金属丝进去就出链,抛光、焊上簧扣、电镀后马上就做成一条,称机制链。

机制链和手工链是能区别开的,机制项链的环节千篇一律,不差丝毫;手工则是一个环节接一个环节的手工操作,每个环扣不免有些差异,当我们拎起项链时,垂直的线条多少出现一点不匀,如果手工制成看不出一点毛病,那这条链准是手艺高超的师傅所制。

项链是最早被人类采用的一种装饰品,它挂在人体最显耀的胸前,成为装饰的主题。选择得体的项链,可以增添佩戴者的风韵,弥补脸型或颈脖的某些不足,对人整体形象和气质的塑造有十分重要的作用。选择项链时应注意以下事项。

(1)脸型。

佩戴项链首先要考虑自己的脸型。长脸型的可选短一些项链或项圈的戴;短脸型的可选长一些的"V"字形项链戴;方形的脸避免戴菱形或方形珠串成的项链;圆脸型的不宜戴项圈或由圆珠穿成的项链,宜选择长一些的项链及带坠的项链;脸型窄而瘦的不宜戴黑色项链,宜选择浅色、闪亮的,可以使脸部显得丰满些。

脖子长的可挑宽的卡脖链戴,脖子短的要选用长一点的项链佩戴。只有这样,项链才能起到调节脸型和脖子长短的视觉比例的作用。

(2)肤色。

肤色浅的既可配浅色调、色彩感觉轻盈的项链,又可配宝石色彩较浓重的深色调的项链。肤色深的可选择宝石色彩中性的,如咖啡色、深米黄色的项链,可以起到淡化肤色的作用。

(3)季节。

夏季使用色彩浅、透明或半透明轻巧的项链;冬季可佩戴色深、质感重而不透明的项链;春季适合佩戴如桃红柳绿的红宝石、祖母绿等,体会神轻气爽和朝气蓬勃;秋季则适合选择黄晶、琥珀、欧泊等首饰,给人带来秋日的爽朗。

(4)服装。

项链要与整个服装的色调、造型、质地相协调。

色彩要和谐,有对比但不强烈。单色或素色服装宜配色泽明艳的项链;色彩鲜艳的服装宜配简洁、单纯的项链。有时候"全绿丛中一点红"也能起到突出的效果,如黑色的服装配上一条银白的珍珠链,就会显得很高雅而端庄。

项链要与服装造型的格调一致。浪漫型、休闲型的服装,适合佩戴造型活泼、自由的项链;端庄的服装造型则选用造型对称、色彩稳重的款式。

穿着质地厚重表面较粗的服装时,宜选用色彩浓重、造型较大的佩戴;穿着质地轻柔的服装时,选纤巧、别致的项链会更和谐。

(5)场合。

项链款式的选择要考虑与出席的场合相协调。出游可选择明丽、夸张,富于动感的款式;上班则易选择稳重、大方、简洁的款式;参加晚宴则应选择奢华、富丽能烘托气氛的款式。

黄金的金黄色、白金和白银的银白色在色彩中都是中间色,它们能和各种颜色协调搭配,所以用素金、素银的饰品来搭配服装,从色彩上说是比较理想的,而且使用也方便。

2. 质量要求

项链的质量选择要求如下：

(1)项链主体层次丰富，表面颜面一致，光洁度高，没有锉、刮痕。

(2)环节间焊接牢固，且每节都灵活自如，无焊接缝。每个环节大小一致，均匀周整光滑。

(3)整条项链提起后，要自然垂直，不能打扭，放下时能自然盘曲。

(4)镶嵌宝石的项链，宝石镶嵌牢固、平整，爪大小适中、光滑美观。

(5)项链的锁扣、开关灵活，弹性强，无故障。

如果是玉石项链，我们还要注意以下几点：

(1)整条项链配色及大小应该协调一致。

(2)组成项链的珠粒完好，尽可能避免有明显的裂隙或破缺。

(3)珠粒的眼要打得直，且孔径一致。否则珠粒在整串项链中会弯直不齐，影响美观。

(4)穿珠粒要松紧适当，紧了项链显得硬，佩戴不合适；太松会在锁扣处露线头，好象缺掉几粒似的不美观。

(5)结扣应栓紧保证牢固，以防散落。

三、挂件

1. 佩戴选择

挂件是一种悬挂在项链上的坠饰。项链可以随时更换挂件而变化装饰，使用方便，所以挂件也是一种深受欢迎的首饰品种。挂件的结构比较简单，但造型却很多，有用金属做成各种花型、动物型、几何型；有镶嵌宝石的，有单颗、多粒小宝石组成的各种式样；有的还做成开合式，可以放置照片等。

挂件作为链饰的一部分，挂在胸前，如何才能佩戴得体，大体上可以参照项链的佩戴形式。

2. 质量要求

选购挂件时要注意以下质量要求：

(1)挂件戴上后接触皮肤和服装，特别要注意造型不能存在钩、刺、角等不合理的结构，挂件的整体光滑安全。

(2)挂件表面无锉、刮痕，无划伤。

(3) 所镶嵌的宝石应该牢固、平整，爪、齿、镶边要光滑整齐。

(4)挂扣焊接牢固，大小得体，挂扣其孔眼能让所配的项链顺利通过。

四、耳饰

1. 佩戴选择

装饰在耳朵上的饰品统称为耳饰，有耳插、耳环、耳坠等。耳饰能让女人增添妩媚和娴雅，主要通过长度、形状、色彩的运用来调节人们的视觉，掩饰脸形的缺陷，达到美化的目的。耳饰选择与人气质、脸型、发型、着装以及场合环境相适宜的，才能达到最完美的装饰效果。

一般来说：

(1)耳饰应适应自己的年龄。年轻的姑娘天性活泼可爱，可以挑选款式花巧、色彩鲜艳、动感较强带坠的耳饰，能与天真烂漫的性格相得益彰。中、老年人应选用造型简单、规矩稳重、自然大方的耳饰，可选择一些镶嵌宝石的耳饰，如颗粒较大的翡翠、珍珠、祖母绿等等，高雅、贵重的时尚钻饰也是她们的最佳选择。

(2)耳饰应和发型相配。长发型，若长发遮挡耳朵，耳饰可选用简单明亮、长形的，耳饰在飘逸的发丝中若隐若现，倍增婀娜多姿；短发则宜与精巧雅致、造型简单的耳钉搭配，显得洒脱干练；不对称的发型与不对称的耳饰相配，更使人充满动感、赏心悦目。

(3)耳饰应适应自己脸型和肤色。在脸型中，鸭蛋形是我们公认的漂亮脸型，其他如圆形脸、目字脸、方形脸、倒三角脸等都存在着"欠美"，除了用发型来弥补脸型外，戴耳饰就会起到一定的协调作用，使脸型尽量给人有鸭蛋形的感觉。如圆形脸宜戴长而下垂的方形、水滴形、叶片形的垂吊式耳饰，在视觉上形成修长感；目字脸的人可戴体积较大的简单耳饰，或选择卷曲线条带坠的耳饰，可以缓和脸部的棱角感；瘦长脸则要用大而亮的圆形耳饰，使脸部显得较宽；倒三角脸型可佩戴上窄下宽带坠的耳饰，使下额显得丰满些。

(4)不同的社交场合下，所戴耳饰也要有所变化。参加舞会气氛轻松热烈，就可用带坠能动荡花巧的耳饰；参加别人的婚礼，可选用简单但又比较名贵的耳饰，一方面不喧宾夺主，另一方面以示对新婚新人的尊重；平时上班则应佩带一些造型简单大方的耳饰。

另外耳饰的使用还应与其他首饰协调、相配。

穿耳眼要注意以下问题：如果本身血小板低，伤口不易愈合者，最好不要打耳眼。使用的耳钉必须是消毒无菌的。穿刺前耳垂要严格消毒，穿刺后，耳垂必须保持清洁，注意不要被洗脸水、洗头水污染，隔几天转动一下耳钉。待耳眼长好后，任你更换其他各式耳饰。

没有耳眼的可以使用不带针的耳饰。一种是螺丝扣的耳饰，耳饰背后有一个螺丝杆，可以拧紧拧松，将耳垂放在其中，拧紧后耳饰就夹在耳垂上了。另一种是带弹性的夹板，耳饰通过夹板的弹力夹住耳垂。

2. 质量要求

耳饰的质量选择要求如下：

耳饰的结构比较简单，正面是耳饰的表现部分，镶嵌各种宝石组成抽象或具体的图案，背面是使用装置。具体的质量要求如下：

(1)插针的长度和粗细要适中，一般长 10mm，粗 1mm，针要有一定的强度和硬度。

(2)插针后面的耳背弹性要好，大小适宜。

(3)花头加工精细，所镶宝石牢固，对称性好。

(4)了解顾客皮肤过敏与否，若为敏感性肤质，接触后容易发炎，则与耳眼接触的部位要用纯金。

五、手镯

1. 佩戴选择

手镯是用来装饰手碗的饰品，分硬镯和软镯。

手镯是比较大的饰品，佩戴在手腕上很令人注目，特别在夏天，抬起手腕就能引起人们的注意，手镯的佩戴与服饰、色彩、场合、年龄等要相协调，佩戴合适会创造出楚楚动人的整体形象。

服装款式简洁、色彩单纯的，可配花式手镯；深色服装可配浅色或白色手镯；穿着休闲、随意衣裙，可配造型夸张奇特的手镯；旗袍等传统服装宜与翡翠、白玉等相配，显得端庄高雅、雍容华贵；年轻的可佩戴2～3只甚至更多的细手镯，显得丰富多彩，或者在链镯上多挂几个坠饰，如小动物、小鸡心等等，可以体现青春的活力和个性。

适合女性手腕尺寸的手镯一般直径为58～66mm，圈口过小，戴在手腕上太紧不舒服；圈口过大，手镯易脱落。具体操作时可按以下步骤进行：

(1)将小臂肘部垂直于柜台台面，手向上，五指捏拢，身心放松。

(2)将手镯从上至下滑过指尖，手镯的圈口以刚刚能滑过手掌最宽处为宜。

(3)每一个人的手臂不一样，有长有短，有粗有细，手镯的佩戴除了注意尺寸大小，还应注意是否与手臂相适应。一般手臂粗短者适合佩戴窄一些的手镯；手臂细长的适合佩戴较宽大一些的手镯。

(4)佩戴手镯后要注意不要碰撞，以免碎裂。

2. 质量要求

手镯的质量要求大致如下：

(1)硬镯。

①镯圈要周整、粗细一致。

②表面镀色一致，光洁、圆滑；表面无锉刮痕，无划伤，无焊接缝。

③若镶嵌宝石，则宝石应镶嵌牢固、平整，爪、齿光滑，大小适中。

④锁头开关要灵活，使用方便，与整体协调；关节要结实，好用。

(2)软镯。

①链镯要求各个链环大小一致，提起看应该垂直成线，焊接牢固，镀色均匀。

②多节镯，每节做工造型应该一致，节和节之间的连接牢固，如果是绞链式的，整个镯子放平后再轻轻托起，镯子还应能直挺。

③镶宝石的要注意镶嵌牢固、美观。花丝焊接要干净利落，不能掉花瓣，不能瘪。

④镯子锁扣要灵活有弹性，注意牢固度。

六、胸花

1. 佩戴选择

佩戴在胸襟上的一种饰物，一年四季均可佩戴。春、秋、冬三季正是人们身上服装最齐全的时候，也是胸花展露头角的季节。

当着装简洁或颜色素雅时，别上一枚胸花会使整套装饰顿然生色，活泼而充满动感。

近几年来，那些低温金属铸造镀金的胸花，以低廉的价值，博得人们的青睐，打开了一定的市场，穿着入时的姑娘们也注意到胸花的诱惑力。胸花正面是花型，其背面是用于固定在衣服上的别针，由针、针座和拔换组成。另一种背后就是一根插针，用时把插针直接插入服装里。还有一种是揿扣式的胸花。

佩戴胸花主要根据服装的颜色和款式格调而定。冬天的服装厚实，可以款式大型一点；夏季的服装轻薄，胸花要戴轻巧些的。春季、秋季可佩戴和大自然色调相谐调的绿色、金黄色胸花。

胸花色彩可以考虑同类色、邻近色、白色、黑色、金色，比较容易搭配服装的各种颜色。佩戴的花型有动物造型、植物造型、几何造型等等，具体与抽象均可由自己的喜爱和所要表达的含意来选择。

2. 质量要求

胸花的质量要求大致如下：

(1)胸花背后的别针要求灵活，针有硬度又有弹性，针尖以刚露出拔鱼眼为好。

(2)别针的座位要在中偏上处，不然佩戴不稳，而且应有安全帽。

(3)整个胸花造型要圆滑，表面光洁，不能出锐角和钩刺。

(4)宝石镶嵌要周整、牢固。

(5)花丝不能掉瓣，不能碰瘪，焊接要牢固。

简而言之，佩戴饰品要因人、因时、因地，随时变化花色和造型。所有饰品最好是配套使用，选择时，服装的色彩款式和人体肤色等都应同时综合统筹考虑，使之协调搭配。即使是使用最普通的饰品，只要佩戴得当，也会起到画龙点睛的装饰效果，达到美化自身、丰富生活的目的。

第九章　珠宝玉石首饰营销服务

随着经济的快速发展，人们的消费观念也随之发生了变化，已从理性消费，只关注产品的质量、价格等传统功能因素，逐渐转移到追求消费过程中体验愉悦的感情消费。感情消费的商业观念就是使顾客满意。

众所周知，珠宝零售店活动最关键的环节是销售，销售的对象是顾客。以顾客为本，为顾客提供殷勤周到、体贴入微、温馨的个性化服务，是赢得顾客信赖、建立零售店良好信誉的关键所在。因此作为销售特殊商品的珠宝首饰店，每位营销人员应关心顾客、研究顾客、了解顾客、争取顾客，能有效地服务当前的顾客，同时发展未来的潜在顾客。充分运用美学营销、感官营销、氛围营销、情感营销、参与营销等来满足顾客的多层次需求。

第一节　售前准备

售前准备是指开始营业前的所有准备工作。包括为顾客提供优雅温馨的购物环境，如店内的清洁工作、店堂布置、首饰陈列、灯光照明等等。目的是吸引顾客进店，并为顾客提供舒适的环境、周到的服务。

一、营造优雅的购物环境

优雅温馨的购物环境会使人备感心情舒畅，如璀璨的珠宝首饰与柔美的灯光交相辉映，会使人感到珠宝首饰的神奇和美妙，进而使人对珠宝首饰产生极大的兴趣和神往，激发其强烈的希望拥有的欲望。因此营造一个优雅的购物环境，让顾客在理想的购物环境中享受温馨周到的服务，是珠宝零售店赢得顾客的重要前提。

营业前首先应把温度调至人体适宜的范围并使空气保持清新流通；然后打扫卫生，保证橱窗及柜台内外干净整洁；货品摆放应美观有序，给人清新整齐的良好面貌。

营业场所应灯光明亮，照明合理，摆放花卉、盆景等饰物，选播适宜的轻音乐，展布喜庆的广告宣传画贴等，使整体购物环境显示出舒适典雅的气氛。

为了给顾客营造一个舒适方便的购物环境，方便顾客挑选试戴首饰，还应该在适当的位置摆放好座椅和镜子。

二、整理摆放好货品

珠宝首饰花色品种繁多，销售人员应对货品了如指掌，保证货品充足而有序。

严格进行货品数量和质量的验收清点，核对价签、证书与实物。注意及时调整和补充畅销品种和款式，合理摆放珠宝首饰，锁好柜台门，将钥匙放于固定位置。

整理摆放好货品后，还须准备好相关营销用具。如：克拉秤、指环、计算器、圆珠笔、复写纸、销售票据、发票等等，这些物品应放在柜台的固定位置，以方便取用。其中销售票据及发票要妥善保存，以防遗失。

珠宝首饰营业柜台还须备有10倍放大镜、镊子、托盘以及一些小型的检验工具，如热导仪、滤色镜等，以便于需要时展示使用。

鉴定证书是珠宝质检机构对珠宝进行鉴定后提供的报告，用以增加消费者购买信心，营业前必须整理好珠宝鉴定证书，做到鉴定证书号与货号一一对应、心中有数，以便销售时能及时查取，加快成交速度，给顾客留下一个业务熟练、管理有序的好印象。

三、培养良好的个人素质

珠宝首饰豪华、高雅，是一种高档消费品，珠宝首饰的销售人员应具备与其相适应的良好的个人素质。

销售人员衣着得体、举止稳健、言谈礼貌、知识渊博，能使顾客产生良好的第一印象，对顾客产生一种无形的亲和力与感染力，并赢得顾客的信任。

1. 仪容、仪表与气质

仪容指人的容貌，由发型、面容等组成；仪表指人的外表，包括人的服饰、姿态等；所谓气质即指人的素质，由先天遗传和后天培养多方面造就，包括文化素养、审美情趣、心理素质等等。

珠宝首饰销售人员首先应塑造自身良好的外观形象。

发型应自然大方、美观整齐，长发注意梳理整齐并扎好，避免低头取物品时影响工作。女销售人员为了表示对顾客的尊重应适度修饰淡妆，但不宜浓妆、留长指甲和涂彩色指甲油。应按企业规定不佩戴首饰或只佩带少量首饰，避免佩戴仿真首饰及造型过于夸张的首饰。

销售人员应着企业统一服装并佩好胸卡，保持服装整洁、平整。企业无统一制服的，应本着美观大方的原则进行着装，既不要奇装异服，也不能过于邋遢。同时要注意鞋与服装的搭配，不宜穿颜色过于鲜艳、鞋跟过高的鞋上岗。取放或展示货品时须按要求佩戴白手套。

销售人员除了掌握本行业的专业知识外，还应该学习历史、地理、文学、礼仪等各方面的知识，注重培养自身各方面的能力，如交际能力、表达能力，努力培养自身良好的气质，增加自身的亲和力和感染力。

珠宝首饰是一种艺术品。销售人员特别应该注重全面提高自己的文化素质和审美能力，进而提高对珠宝首饰的鉴赏水平。丰富的内涵、渊博的知识、良好的审美能增添销售人员的人格魅力，赢得顾客的尊重和信赖，进而取得良好的销售业绩。

2. 形体语言

人类的形体语言十分丰富，除了站姿、走姿之外，还包括人的表情，如目光、微笑等。销售人员在为顾客服务过程中，不仅要求保持“站有站相，坐有坐相”，而且应做到举止端庄大方，动作熟练优雅，并始终面带微笑，给顾客以亲切之感。

站姿要求头正、颈直，两眼自然平视前方，肩平，挺胸收腹，两臂自然下垂，脚跟并拢，两脚尖张开夹角成45°或60°，身体重心落在两脚正中，给人以精神饱满的感觉。避免倚靠柜台、叉腰、嬉笑打闹等不良习惯。

走姿要求目光平视，头正且微抬，挺胸收腹，两臂自然摆动，两肩不左右晃动。多人行走不得搂肩搭背，在狭窄的通道如遇到顾客应主动站立一旁，示意让顾客先行。

目光应该坦然自若、亲切专著、微带笑意。目光与顾客交流时，宜落在顾客脸部一定的位置上。一种是以顾客两眼为上线，唇心为下顶角形成一倒三角区。当销售人员与顾客交谈时，凝视该三角区，会给人一种平等、轻松感。另一种以顾客两眼为底线，额中心为顶角形成一个正三角区。凝视该三角区，会给人一种真诚感。

微笑是人类最美的脸部表情之一。得体的微笑能充分表达友善、真诚等美好的情感，发自内心的微笑能制造和谐而富有人情味的销售气氛。在珠宝首饰销售服务中，销售人员对顾客微微一笑，即可表现服务态度的热情与主动，又可起到缓解争执和纠纷的作用，当遇到顾客提出的问题不好回答或不便回答时，轻轻一笑不做回答更能显出微笑的特殊功效。

3. 服务用语

在珠宝首饰销售中，销售人员通过语言传递珠宝首饰文化，了解顾客的购买意向，通过语言介绍商品，说服购买。因此，销售人员的语言应用能力是十分重要的。

(1)柜台常用服务用语举例。

您好！

您想要什么首饰？

请您这边看看。

这几件是店里新到的款式，您请看看。

您看，这个宝石戒指好看吗？

我来帮您挑选好吗？

您还需要其他首饰吗？

对不起，您要的款式卖完了，需要留下您的姓名和联系方法吗？来货我们通知您。

对不起，请您稍等，我马上就来。

请原谅，让您久等了。

这是一件精美的礼品，我给您包装一下。

您给我 XX 元，找您 XX 元，请点一下。

请走好，欢迎再来。

请别客气，这是我们应该做的。

谢谢，请多提宝贵意见。

(2)柜台服务忌语举例。

到底要不要，想好了没有。

喊什么！等会儿！

有没有看见我正在忙！着什么急！

不知道！

谁卖你的你找谁去！

没上班呢，等会儿再说。

柜台常用服务用语一般要求做到：语言亲切、语气诚恳、用语准确、简洁生动。

珠宝首饰销售人员在销售珠宝首饰时应训练好语言基本功，不断提高语言运用技巧，用语言为顾客营造一个和谐、文明、礼貌的购物环境，提高顾客的满意度。

第二节　售中服务

售中服务是针对顾客购买所提供的服务，可以包括从顾客进店后到顾客离开店期间所提供的服务。一位顾客进到首饰店就认为他或她已进入了购买过程，就需要我们销售人员给其提供周到的、满意的服务。

应该说顾客在其他基本条件相近的时候，绝大多数会选择服务好的商店，有部分顾客甚至宁愿为这种更好的服务花更多的钱。

为顾客提供直接的服务、与顾客直接打交道的是营业员，因此营业员的言谈举止和服务态度，会成为顾客对商店的评价和印象的依据。营业员优良的表现、周到的服务会给顾客形成良好的印象，进而增强顾客对商店的认同与信任，使现有的顾客成为忠实的顾客，并通过"一传十，十传百"，使商店的信誉日益增高。

一、顾客分类与推荐技巧

顾客类型的划分是一个复杂的问题，很难找到一个通用的划分方案，总的原则需要销售人员由表及里的认真观察、交流、分析，对顾客的类型作出大致的判断。

1. 以顾客年龄区分

(1)青年人。

他们思想活跃、热情奔放、精力充沛、追求新潮，在选购时，希望首饰能表现自己成熟而充满个性的心理，并能同自己的职业、审美、性格、时代追求等相协调。

适宜推荐一些价格适中、时尚、新颖的首饰，选择代表新潮发展、富于时代精神、充满个性的首饰。

(2)中年人。

注意商品的实用性、价格及外观的统一。理性购买多于冲动性购买。

经济条件好的，推荐他们选购优质珠宝，如优质红宝石、优质蓝宝石、优质翡翠等，除了强调宝石的高贵品质外，还应注意突出款式与其品味相适应。对于经济条件不十分富裕的家庭，推荐他们选购一些质地一般的红宝石、蓝宝石、翡翠等，应突出拥有的价值、情感的意义。

(3)老年人。

老年消费者非常成熟、理性，对商品厂牌、商标的忠实性高，追求方便实用。购买往往出于储备保值心理、纪念心理等。

适宜推荐他们选购一些有较高知名度的品牌，推荐选择宝石质地好、个头大、用金量较多的贵金属首饰，多尊重他们自己的意见，并给予首饰适当的赞美。

2. 以顾客人数区分

(1)单人。

有着明显购买动机，比较容易下决定，但也容易改变主意。

适宜从专业角度来强调商品的各项特色。动作熟练，能增加顾客的好感，减少客人犹豫考虑的时间。

(2)二人同行。

有着较明显的对比、问价动机。同行之人的意见，具有极大影响力。

可针对同行者下功夫，介绍较多的参考款式，并从专业角度介绍商品。

(3)多人。

有着较明显的讨价还价动机，问题多，意见多。

适宜两位或多位销售人员搭配，沉着耐心应答。开价时要特别小心，应由本柜台的负责人应答，不要有两种价格或两种折扣。

3. 以性别区分

(1)女性。

较理性，注重于相关资讯(如商品的品牌、证书)，注重首饰的外观形象与情感特征。大多数是买来自用或送礼，具有较强的自我意识与自尊心，挑选的款式都会选择自己较喜欢的。

详细的介绍和大量的专业说明是绝对必要的。适时以顾客本身为模特儿，易使首饰效果突显，并增加顾客购买的信心。要有不厌其烦的耐心。

(2)男性。

较为感性，一般都持有疑惑态度，但比较容易下决定。购买原因比较复杂。

多询问才能知道顾客购买商品的目的、原因。专业的说明、介绍，才能使顾客动心。

4. 依顾客消费行为习惯区分

(1)决断型。

习惯于在短时间内做好决定，习惯性地依自己的喜好购物，会直接地表示其需求。顾客年龄层大概介于 20～29 岁之间。

简单、明确及充满信心的商品介绍方式是关键。可多强调商品的价值、内涵及流行性。

(2)计较型。

喜欢讨价还价或索取免费赠品，注重商品的实在感或保值性。

将价钱"开高低走"，满足其杀价的乐趣或直接主动降价并加送免费赠品，介绍在重量、手工费及佩带效果方面达到平衡的商品。

(3)婆妈型。

非常爱聊天；只要销售人员殷勤的招呼及服务，很容易就能开启话题；高购买率，且可接受较贵重的首饰；忠诚度高，最具潜力的老主顾。

亲和力及耐心是关键；听取顾客想法，以此推荐其所需商品；广泛的聊天主题(如新资讯、生活话题等)可抓住顾客的心。

(4)表现型。

追求流行与名牌，喜好时髦及新鲜的事物；购买力高；容易由其装扮来判断此类型顾客。

可以"流行"开启话题；适时适当的夸奖其装扮或佩带的饰品，可以收到意外的效果；以最新、最流行、最前卫强档的商品为主荐对象，并强调其流行性及高档性。

(5)主观型。

清楚知道自己适合什么或需要什么；不习惯接受别人的意见，反而希望别人认同他们。

适宜仔细倾听客户需要，再拿出合适的商品；简单说明后，让客户先自行浏览或选择，再适时从旁提供协助，避免说东说西，或让他们觉得很不自在。

销售人员通过观测和沟通来分析判断顾客的类型及购买习惯，对不同类型的顾客，采取不同的销售策略与销售技巧，给顾客提供人性化的周到服务。

二、售中服务过程

在珠宝首饰销售活动中，销售人员应对顾客的到来表现出由衷的欢迎和感谢，为顾客提供适合的珠宝首饰的同时，还应该让顾客深切体会到购物的乐趣与满足，体会到来自销售人员的真诚、友善和周到。

1. 主动热情迎接顾客

作为销售人员，上岗后首先做好迎接顾客的思想准备，精神饱满，注意力高度集中。

销售人员应站在合适的位置上，所谓合适的位置是指既能照顾自己负责的柜台，又能易于观察和迎接顾客。

当顾客进入商店，销售人员应站在柜台内微笑着向顾客行注目礼。当顾客临近柜台时，销售人员应微笑点头以示招呼，也可用语言"您好，欢迎光临"等打招呼。如果你正在接待其他顾客，也可以用点头致意、微笑、友好的视线接触等表达对他们到来的欢迎。

当顾客开始浏览珠宝首饰时，你应该站立在旁边用目光进行观察，此时的目光不要直接盯着顾客，可用眼角余光关注顾客，以备顾客需要时及时做出反应。

2. 恰如其分地接触顾客

与顾客打过招呼后，应灵活把握时机接触顾客。

什么是接近顾客的最佳时机？如果接近顾客太快可能会吓跑顾客；相反，如果接近顾客太晚，可能会令顾客觉得受到了"冷遇"，进而也会失去顾客。只有让顾客感觉到你在告诉他（她）"您慢慢看，我会随时在旁恭候，当您需要时我会出现"，才是恰如其分的。

一般来说：

（1）当顾客长时间驻足观赏某一款珠宝首饰时，可适时夸奖赞美这一珠宝首饰，以此来接近顾客。

（2）当顾客对某一款珠宝首饰表现出较大的兴趣时，销售人员可适当、简短地介绍这一款首饰，并可试探性地提议"如果您喜欢可以试戴一下"等。

（3）先前来过一次的顾客再度回头时，销售人员可适时与顾客接触、交谈。

（4）当顾客很多时，销售人员应重点服务你面前的顾客的同时，用眼光与周围的顾客示意或点头微笑，或对顾客表示歉意"对不起"、"请稍等"等。

（5）顾客好象在寻找什么首饰时，销售人员应及时上前接触顾客，并可说"您好！您想要什么首饰"等。

接近了顾客、与顾客打招呼之后，就要运用你的知识和推销技巧，来做成生意了。

3. 细心了解顾客需求

一个优秀的营业员应该将合适的珠宝饰品推荐给合适的顾客。那么对顾客的了解就非常的重要。

（1）聆听、观察、交谈。

了解顾客需求、积极聆听及细心观察非常重要。对顾客了解得越多，就越有利于你与顾客达成交易。

为了能与顾客做成生意、使顾客获得最大的满足，销售人员除了要注意观察、聆听外，还必须对顾客的想法有所反应，因此，必须注意语言以外的信号，如身体语言、姿势、视线、表情等，始终留意顾客的态度。对顾客意见避免用简单的"不"、"不对"来回答，而是以迎合顾客的方法来推销宝石首饰的价值，即使你不同意顾客的意见，也应以婉转的方法加以说明，例如采用"是，但是……"、"您说得对，另外……"等句型，营造一种和谐的销售氛围。

在销售过程中，价格常成为顾客购买珠宝的一个障碍。在向顾客介绍时，应避免过早地提出或讨论价格问题，只有在顾客问及价格时才能提出。当顾客问及价格时，说明顾客对珠宝已发生了兴趣。有的顾客一开始并不清楚自己要买什么样的货品，作为销售人员，其任务就是要探清顾客的需求，这就要运用销售技巧，在交谈、展示货品的过程中了解顾客需求，帮助寻找最合适的珠宝首饰。

(2)展示货品。

销售人员在介绍和展示珠宝首饰时，应该实事求是地介绍珠宝首饰的特点，再把这些特点变成个性点；熟练应用各种展示技巧，使顾客更好地了解珠宝首饰的特点和质量。

一般来说，对于钻石等宝石，首先介绍价格较高的货品；而对于翡翠等玉石时，则首先介绍价格较低的货品。

向顾客展示货品，主要有仪器展示法和示范展示法。

仪器展示法：

仪器展示法是一种比较专业的并具有说服力的推销方法，可以加强顾客对珠宝首饰性质、特点的了解，从而增强购买的信心。

但在现实销售过程中，并不是每一位前来购物的顾客都有兴趣及耐心接受销售人员的仪器展示服务，因此销售人员应在适当的时候，选择适当的对象使用。

如顾客对珠宝首饰商品品质表示怀疑，特别是对宝石的真伪表示怀疑时；顾客对珠宝首饰表现出好奇和兴趣，想了解一些购买知识，且有较充裕时间时，销售人员应根据销售货品的特点选择其中的一件或几件进行组合使用。如销售珠宝的柜台，可以配备镊子、10 倍放大镜、热导仪，销售彩色宝石的柜台可配备放大镜、二色镜、显微镜，而销售玉石尤其是以销售翡翠为主的柜台，则可配备滤色镜、放大镜和聚光手电筒等。

如当顾客对翡翠饰品的颜色产生疑问时，可用滤色镜展示翡翠的颜色，并说明染色的翡翠在滤色镜下往往变红，而天然翡翠则不变色的特点；当顾客对钻石的真伪表示怀疑时，可用热导仪向顾客展示钻石天然属性特征。

示范展示法：

示范展示法是使用道具、销售人员佩戴或顾客佩戴等方式来展示珠宝首饰，使顾客进一步了解珠宝首饰的佩戴效果。

当女性顾客来为自己选购首饰时，销售人员可鼓励顾客自己试戴；当顾客对某一首饰感兴趣却又对佩戴效果没有把握，而自身又不便于佩戴时，如男性顾客单独购买女性首饰时，销售人员可以选择顾客喜欢的款式进行佩戴示范。

示范时，取出顾客中意的珠宝首饰，小心佩戴并整理好，让顾客欣赏佩戴效果，并给以适当的鼓励和合理的建议，协助顾客作出适当比较。

展示过程中应该实事求是地介绍饰品的特点及顾客购买的好处，切切实实协助顾客挑选出适合他们的货品，令他们感到货品像是专为他们量身定做的，进而作出购买决定。

4. 达成交易

经过你对顾客的了解，向顾客展示你的货品，与顾客的交谈，顾客对货品及其购买所得到的好处有了更多的认识和了解。

如果顾客进一步查看标价牌；询问售后服务；再一次在灯光下或要求用放大镜下查看、观察货品，那就到了成交的时候了。

作为销售人员这时可以继续强调："我们可以替你用礼品盒包起来"、"您可以定期把首饰送到店里来清洗、检查"、"这是珠宝知识及保养方面的小册子"等等，积极地协助他们做出购买的决定。

需注意的是，不要催促顾客，只要赢得了顾客的信任，即使今天未成交，日后他也会再来，甚至还会通过他的宣传，影响他的朋友也慕名到此购买。

如果顾客今天尚难以决定购买，可以送给他一本珠宝小册子，并欢迎他下次再来，绝不可因为生意不成而改变态度。

5. 开票、收款、交付首饰

当顾客决定购买某一款珠宝首饰时，销售人员要及时计算价格，开具购货小票递交给顾客，同时指出收银台位置。

待顾客送回盖有"现金收讫"的取货联时，销售人员应核对取货小票，并根据取货小票所写的编号、款式提取相应珠宝首饰。

最后将珠宝首饰商品递交给顾客。递交时将所购珠宝首饰及各种票证一同递交给顾客，并可嘱咐"请您拿好，这是您购买 XX，这是鉴定证书，这是购货凭证"，特别要让顾客当面确认饰品的交付，确认外观检查。

递交时，可同时简短介绍珠宝首饰的佩戴、清洗、保养注意事项，保修或退货规定。

6. 道别

道别是接待过程的最后一个环节。道别时，销售人员应该做到态度亲切自然，有礼貌，可说"您走好"、"欢迎再来"等。无论成交与否，都应保持原来的服务态度和热情。在顾客离开时，表示"欢迎下次再来"，并提醒顾客不要遗忘东西。给顾客留下良好的印象，给商店树立起良好的信誉，为后续销售奠定良好的基础。

三、珠宝首饰保养与清洗知识

珠宝首饰高雅华贵、光彩夺目，只有保养得当，才能常戴常新，始终保持迷人的色彩，并能延长使用寿命。珠宝首饰销售人员还应适时向顾客介绍珠宝首饰的维护、保养常识。

1. 珠宝首饰保养知识

(1)小心佩戴。

轻拿轻放，避免摩擦碰撞，否则会擦伤或损坏珠宝首饰。建议干重活、粗活时，最好不要佩戴珠宝首饰，以免宝石、金属受到损伤。当你做家务或生产劳动时，不要佩戴珠宝首饰，油污会影响宝石的光泽；碰撞会磨损宝石，甚至使宝石脱落。

(2)单独保存。

不要把珠宝首饰堆放在抽屉或首饰盒内，因为珠宝之间的相互摩擦也会损伤珠宝首饰。铂金首饰不宜和黄金首饰同时佩戴或存放，因黄金较软，若互相摩擦，不但会使黄金饰品受损，也会使黄金染在铂金上，使之变黄，且很难去掉。

(3)经常检查。

平时佩戴前后应对珠宝首饰进行例行检查，如锁扣是否完好、宝石是否松动等。每年应将珠宝饰品送到珠宝店检验，查看宝石与镶托是否有松动与磨损，以便及时整修。

(4)及时清洗。

宝石对油脂有粘结性，粘上皮肤油脂、化妆品及厨房油脂的宝石会失去光彩，因此应经常清洗。清洗方法是：将首饰浸入首饰清洗液中约 5 分钟，取出后用小牙刷轻刷宝石，再将其放入滤网上用水冲洗，最后用软布吸干水分。

对珍珠、珊瑚等有机宝石的保养更要小心。因为他们的硬度低，极易因摩擦而失去光泽。他们遇酸会遭腐蚀，即便是汗液、化妆品也会使其表面受到损害而失去迷人的光彩。所以夏天最好不要戴这类首饰，即使戴了，也要经常及时清洗。特别是存放之前，更要清洗干净，这样才能延长使用寿命。

2. 珠宝首饰清洗知识

(1)自己清洗。

先将珠宝首饰放在装有温和清洁剂的小碟中浸泡适当的时间，然后用小软刷轻轻洗刷，再用自来水冲洗(切记将水池堵住！以防脱落)，最后用软布擦干即可。

(2)送首饰店清洗。

建议顾客每隔六个月或一年将珠宝送回首饰店作一次专业性清洗。

首先检查待洗的珠宝首饰，以确定该珠宝首饰是否可用超声波清洗仪进行清洗，当有下列情况之一时，珠宝首饰不宜用超声波清洗仪清洗。

多孔的宝石，如绿松石；染色翡翠、经漂白充填的翡翠；裂隙十分发育的宝石，如祖母绿；拼合石等。

(3)超声波清洗仪清洗。

确认珠宝首饰可以用超声波清洗仪进行清洗后，才能对首饰进行清洗。方法如下：

①在超声波清洗仪中注入适量的清水；

②在清水中加入少量的中性洗涤液；

③将待洗的珠宝首饰挂在洗涤槽中；

④打开超声波清洗仪的开关，开始清洗；

⑤清洗 1～2 分钟后，将珠宝首饰从超声波清洗仪中取出，用清水漂洗，自然晾干。

第三节　售后服务

售后服务是首饰销售后，为顾客所提供的服务。除对所销售的首饰提供必要的质量保证、维护保养外，更重要的是获得顾客对首饰使用后的感想与意见，顾客对商店销售人员所提供的服务的评估等，以使商店的服务不断得到改善。同时也可通过建立顾客档案、给顾客寄贺卡等方法，来保持与顾客的联络，扩大商店的顾客群。

每个销售人员都应高度重视售后服务工作，对顾客要做到售前、售中、售后同样热情、同样周到。

当一件珠宝首饰的销售交易完成之后，销售人员应适当向顾客说明本店或本企业有关的售后服务项目。如珠宝首饰的免费清洗、免费抛光等，同时还应向顾客适当介绍珠宝首饰的维护、保养常识。不少珠宝店都备有超声波清洗仪，销售人员应掌握仪器的操作，为顾客提供相应的服务。

珠宝首饰的修理是珠宝店售后服务的主要内容之一，有的珠宝店在保修的基础上，还进一步发展出以旧换新的服务项目。销售人员应按照要求做好上述工作。

销售人员要做好售后服务内容，随时都能用准确的专业性知识回答顾客的疑问或咨询，能为顾客提供合理的建议。对要求调换或退货的，应予以热情接待，如果确实是商品本身质量问题的，应优先办理并向顾客赔礼、道歉；不是商品本身质量问题但符合规定的退货、调换条件的，也要及时办理；不符合规定条件的，则要说明原委并为顾客提供其他帮助。

在现今的销售理念中，产品的开发、推广、销售及售后服务是一个销售整体过程。珠宝首饰的维修、以旧换新等项目，都是珠宝首饰商店服务消费者的有效措施。这些措施将消除消费者购买珠宝首饰的后顾之忧，同时也为商店树立良好形象起到积极的作用。

附录一：

消费者权益保护法

《中华人民共和国消费者权益保护法》，1993 年 10 月 31 日通过，并于 1994 年 1 月 1 日起正式实施。

一、消费者的基本权利

所谓消费者权利是指消费者在购买、使用商品或者接受服务中所享有的权利。根据《中华人民共和国消费者权益保护法》，在“在经营者与消费者进行交易，应当遵循自愿、平等、公平、诚实、信用”的原则指导下，规定了消费者具有 9 项权利。这 9 项权利是：

1. 安全权

所谓安全权，是指消费者在购买、使用商品和接受服务时享有人身、财产安全不受损害的权利。

2. 知情权

所谓知情权是指消费者享有知悉其购买、使用的商品和接受的服务的真实情况的权利。知情权是在经营者与消费者交易时遵循诚实信用原则的一种体现。

3. 选择权

所谓选择权就是消费者享有自主选择商品或者服务的权利。选择权是经营者与消费者交易时遵循自愿原则的一种体现。

4. 公平交易权

所谓公平交易权，即消费者享有公平交易的权利。公平交易权的核心是消费者以一定数量的货币可以换得同等价值的商品或者服务，这个权利是衡量消费者的利益是否得到保护的重要标志。

5. 被赔偿权

所谓被赔偿权，是指消费者因购买使用商品或者接受服务受到人身、财产损害的，依法享有获得赔偿的权利。被赔偿权体现了经营者与消费者交易管理的等价有偿原则。

6. 组织社团权

所谓组织社团权，就是消费者享有依法成立维护自身合法权益的社会团体的权利。

7. 获得知识权

所谓获得知识权，是指消费者享有获得有关消费和消费者权益保护方面的知识的权利。

8. 受尊重权

所谓受尊重权，是指消费者在购买、使用商品和接受服务时，享有其人格尊严、民族风俗习惯得到尊重的权利。

9. 监督权

所谓监督权即消费者享有对商品和服务以及保护消费者权益工作进行监督的权利。

二、经营者的义务

经营者的义务，是指由国家法律确定的并由国家强制经营者履行的各种责任。经营者应履行的义务主要有以下几点：

(1)经营者有接受消费者监督的义务。对于消费者提出的意见和建议应及时答复，对合理的意见和建议要及时采纳，一时不能做到或不尽合理的意见和建议要及时做出解释。

(2)经营者应当保证其提供的商品或者服务符合安全要求。对可能危及人身财产安全的商品和服务，应当向消费者做出真实的说明和明确的警示，并说明和标明其正确使用的方法及防止危害发生的方法。

(3)经营者应当向消费者提供有关商品或者服务的真实信息，不得作引人误解的虚假宣传，对于消费者提出的询问应当做出真实、明确的答复。

(4)经营者给消费者提供商品或者服务，应当按照国家有关规定向消费者出具正式的购货凭证或者服务单据。

(5)经营者应当标明其真实名称和标记。租赁他人柜台或者场地进行经营的，也应当标明其真实名称和标记。以便于消费者在购买商品和接受服务时进行辨认和选择。

(6)经营者应当保证在正常使用商品或者接受服务的情况下，其提供的商品或者服务应当具有的质量、性能、用途和有效期(但消费者在购买商品或接受服务之前已经知道其瑕疵的除外)。经营者以广告、产品说明、实物样品或者其他方式标明商品或者服务的质量状况的应当与实际相符合。

(7)经营者按照国家规定或与消费对象的约定，对提供的商品或服务承担包修、包退、包换或者其他责任的，应当按国家规定或双方约定履行，不得故意拖延或者无理拒绝。

(8)经营者不得以各式合同、通知、声明、店堂告示等方式做出对消费者不公平、不合理的规定，或者减轻、免除其损害消费者合法权益时应当承担的民事责任。

(9)经营者不得对消费者进行侮辱、诽谤，不得搜查消费者的身体，不得搜查消费者随身携带的物品，不得侵犯消费者的人身自由。

此外经营者在向消费者提供商品和服务时，应按规定明码标价，并标明其真实产地、规格等等。

三、对损害消费者权益行为的处罚

《消费者权益保护法》对各种损坏消费者权益的行为，严格地进行了界定，并相应明确了处罚的法律依据和处罚方式。对有一般违法行为的经营者，《消费者权益保护法》规定处以警告、没收非法所得、罚款、停业整顿，甚至吊销营业执照等行政处罚；对严重扰乱社会秩序的，由公安机关依照《中华人民共和国治安管理处罚条例》处罚；对触犯法律的依法追究刑事责任。此外，对于经营者违反《消费者权益保护法》规定并给消费者权益带来损害的，消费者有权按要求赔偿，经营者要承担民事责任。

附录二：

产品质量法

《中华人民共和国产品质量法》于 1993 年 2 月 22 日发布，2000 年 7 月 8 日对其进行了修正。

产品质量法是为加强产品质量的监督管理，明确产品质量责任，保护用户、消费者的合法权益，维护社会主义经济秩序而制定的。产品质量法所称产品是指经过加工、制作，用于销售的产品。

一、销售者在产品质量方面的义务和责任

(1)销售者应当建立并执行进货检查验收制度，验明产品合格证明和其他标识。

(2)销售者应当采取措施，保持销售产品的质量。

(3)销售者不得销售国家明令淘汰并停止销售的产品和失效、变质的产品。

(4)销售者销售的产品的标识应当符合产品质量法第二十七条的规定，即上述有关对生产者生产的产品或包装上的表示的要求。

(5)销售者不得伪造产地，不得伪造和冒用他人的厂名、厂址。

(6)销售者不得伪造或冒用认证标志等质量标志。

(7)销售者销售产品，不得掺假、掺杂，不得以假充真、以次充好，不得以不合格产品冒充合格产品。

二、销售者的损害赔偿

1. 销售者应当赔偿的情况

(1)销售者售出的商品如果不具备产品应具备的使用性能，而事先未作说明的。

(2)不符合在产品或者其包装上注明采用的产品标准的。

(3)不符合以产品说明、实物样品等方式表明的质量状况的。

若出现上述情况，销售者应负责修理、更换、退货，若给购买者造成损失则销售者应予赔偿。如果属于生产者的责任或属于其他供货者责任的，销售者有权向其追偿。如果是由于销售者的过错而使产品存在缺陷，从而造成人身、他人财产损失的，销售者应当承当赔偿责任。销售者不能指明缺陷产品的生产者也不能指明缺陷产品的供货者的，销售者应当承担赔偿责任。

2. 赔偿具体规定

(1)由于产品缺陷造成损害的，受害人可以向销售者要求赔偿，也可以向生产者要求赔偿，查明缺陷责任后，生产者和销售者之间再相互追偿。

(2)因产品存在缺陷造成受害人人身伤害的，侵害人应当赔偿医疗费、治疗期间的护理费、误工费等费用；造成残疾的，还应当支付伤残者生活自助费、生活补助费、伤残赔偿金以及由其抚养的人所必需的生活费等费用；造成受害人死亡的，并应当支付丧葬费、死亡赔偿金以及由

死者生前抚养的人所必需的生活费等费用。

(3)因产品存在缺陷造成受害人财产损失的,侵害人应当恢复原状或者折价赔偿;受害人因此遭受其他重大损失的,侵害人应当赔偿损失。

3. 产品质量纠纷的处理方式

因产品质量发生民事纠纷时,当事人可以通过协商或者调解解决。当事人不愿通过协商、调解解决或者协商、调解不成的,可以根据当事人各方的协议向仲裁机构申请仲裁;当事人各方没有达成仲裁协议或者仲裁协议无效的,可以直接向人民法院起诉。

主要参考文献

陈钟惠等译.FGA 宝石学教程.武汉:中国地质大学出版社,1992

李兆聪.宝石鉴定法.北京:地质出版社,1991

李娅莉、薛秦芳.宝石学基础教程.北京:地质出版社,1995

张蓓莉等.系统宝石学.北京:地质出版社,1997

任进.珠宝首饰设计.北京:海洋出版社.1998

吕新彪等.天然宝石.武汉:中国地质大学出版社,1995

柳志青等.宝石学和玉石学.杭州:浙江大学出版社,1999

成大均.珠宝首饰营业员,广东省宝石协会秘书处,2002

国土资源部珠宝玉石首饰管理中心编.珠宝首饰营业员.北京:中国大地出版社,2001

戴比尔斯钻石推广中心.钻石定律,戴比尔斯钻石推广中心,1997

国家珠宝玉石质量监督检验中心,DTC 钻石推广中心.《钻石分级》国家标准营业指导手册,2004

国家质量监督检验检疫总局.珠宝玉石名称(GB/T 16552 - 2003).北京:中国标准出版社,2003

国家质量监督检验检疫总局.珠宝玉石鉴定(GB/T 16553 - 2003).北京:中国标准出版社,2003

国家质量监督检验检疫总局.钻石分级(GB/T 16554 - 2003).北京:中国标准出版社,2003

国家质量监督检验检疫总局.首饰贵金属纯度的规定及命名方法(GB/T 11887 - 2002).北京:中国标准出版社,2002